给孩子的科学素养**漫画书**

阿德老师的科学教室

③ 化学魔法趣

著/廖进德　编/信谊编辑部
图/樊千睿

四川少年儿童出版社

自序
每个孩子都可以喜欢学科学

很多事情在无心插柳下，由于天时地利人和，就顺其自然成就了一件好事。将儿童科学学习的记录转化成漫画书，并不是一开始就计划好的，如今能变成漫画书，带动孩童对科学产生兴趣，进一步动手学科学，真是一件美好的事!

源自真实课堂记录的科学漫画

《阿德老师的科学教室》这套漫画，源于我在信谊引导上小学的孩子每周开展一次科学学习的记录。漫画书中的阿德老师、安安、乔乔、小钧，就是我和这些孩子们的化身，你一言我一语的对话，都是来自孩子在课堂上真实的表现。课堂中老师和孩童的互动与讨论，时常迸出惊人之语，有时孩子还真能在不知科学知识的情况下，说出科学史上科学家当时的发现。在学习过程中，孩子的观察、思考、探索、想象等，实在令人印象深刻。我一直深信，孩子如有适当的引导，通过动手探索学科学，可以增进上述能力，并且爱上学习。

启动孩子科学探索的开关

我和信谊的渊源始于2011年，信谊邀请我参加面向幼儿的“亲子一起玩科学”活动。长期以来我的教学对象都是上小学的孩子，但我从那次经验中发现，幼小的孩子其实也能愉快地接触科学。通过动手做实验，满足孩子的好奇心，开启探索真实世界的开关。在那之后，我便进入信谊幼儿实验幼儿园与亲子学堂，并针对不同年龄层的孩子设计一连串科学活动课程，教学活动延续至今。

符合教育发展趋势

我从事儿童科学教育多年，清楚地知道，老师要解构转化教材，选用适当的方法引导孩子，如同导演一般让课堂朝着正确的方向走，让孩子成为学习的主人，他的学习才可能是主动、积极的。奥斯贝尔（D. P. Ausubel）的“有意义的学习”论（meaningful learning），强调有意义的学习是“主动地”探索，而不是“被动地”接受。老师如能顺性引导和支持，孩子就可以在学习的路上逐步踏实前进。现今教育发展趋势是特别重视科学素养，要培养孩子在真实的情境下，会用所学的知识和能力展现出具体的学习成果，进而解决情境中可能产生的问题。综观自己设计的科学活动及漫画中孩子们观察、探索、推论、相互辩证与实操的过程，不正是呼应了当今教育发展提出的理念与精神吗？做错了没关系，在试错中学习更多，是孩子在小学阶段学习基础科学的必经之路，特别是在科学方法中的“观察”，这种好的观察可以收获知识、技能和良好的学习态度。因此，我特别喜欢引发孩子的观察力，赞赏、肯定孩子的回应，让孩子先不怕说错，日后他才会愿意说。至于对做错或做不好的孩子，我会说：“做错了，学到更多。”爱迪生发明电灯时，灯丝的实验尝试几百次都失败，人们笑他，他说：“我每次都成功呀！我不是证明它们都不适合做灯丝了吗？”让孩子不怕犯错，从错误尝试中寻找正确的方法，更是一种重要的学习。

鼓励孩子清楚表达自己的观点

此外，能将观察、推论的见解，有条理地表达出来也很重要。因此我也特别重视发言，鼓励孩子说出完整的话，不可使用只言片语就想蒙混过关。日积月累，养成孩子习惯于用科学的眼光和头脑去观察和思考，整理并完整表达所思所见。鼓励孩子要“先有想法”，“再有做法”，“然后经过验证再说出来”，这是学科学重要的学习历程，也是这一套书的精神。

帮孩子建立好的学习模式

这套书除了记录老师与孩子的互动，更多的是记录孩子与孩子间的火花。孩子也会鼓励、赞赏他们的老师，加上适当的引导，孩子个个都能成为主角。老师能支持他们的学习，在他们遇到困难时适时伸出援手，孩子自然会对学习产生信心，进而积极学习。孩子也在同学的提问和回答中，逐渐建立一个好的学习循环模式。

邀您一起成就孩子的未来

在我退休之后，还有这个机会继续从事科学教育，得天下英才而教，真乃万分庆幸。希望《阿德老师的科学教室》这套漫画书，对孩童可以有启发学习科学的动机，对教师可以收教学观课之效，对家长有帮助了解孩子学习过程与成长之机会。通过不是只给出科学知识，而是启发孩子主动探索科学的漫画书，邀请您一起来推动儿童科学教育，帮助孩子习得科学素养，成就孩子的未来。

作者 **廖进德**

目录

主要人物介绍

阿德老师
风趣爱搞怪的科学老师，最喜欢有看法、有方法、有做法的小朋友，上课时不轻易说出答案。想办法让小朋友自己去观察、思考并找出答案，就是他最快乐的事。
安安
积极主动、勇于发言，有敏锐的观察和分析能力。常是第一个发现问题、解决问题的人，不过喜欢玩耍，常和小钧玩着玩着就忘了正在上课。
乔乔
个性细心谨慎，是团体里的小班长。在意见冲突时，会协调合作，虽然平时有些拘谨，不过也会表现出天真的一面。
小钧
怪点子多，爱玩爱搞笑，是班上的“开心果”。上课时常不专心，对美食最感兴趣，有天马行空的想法，有时误打误撞反而找到了答案。

花青素的酸碱变化

魔法师的神秘配方

好渴！好渴！
快点喝水！

咕噜
咕噜
咕噜

哇！怎么有蓝色的水？
乔乔，你是不是不小心把颜料混到水里了？

怎么可能啊！这是我妈妈帮我泡的蝶豆花茶。

不是豆花啦！
是一种叫作“蝶豆”的花。
蝶豆花？
干燥的蝶豆花用热水冲泡，
就会泡出蓝色的蝶豆花茶。
我好想喝喝看，
可以给我喝一点吗？

我要喝啰！
抬起

哇！你们在喝什么好东西？
我们在喝蝶豆花茶。
可是没什么特别的味道……
嘿嘿！
那就加一点我的魔法配方，
会更好喝哦！
变
身
老师，你要加什么？
不告诉你！

看老师边加东西
边念神秘咒语……
咻咻帕斯多里德
里尼贝贝托鲁多！
噗噜噜
咻噜噜
挥动
倒入
蝶豆花茶变变变！

渐渐变色

蝶豆花茶
变红色了！
怎么会变色？
老师，这是
什么魔法？

嘿嘿，
这是老师的
神秘配方。
不同的配方，
还可以变出不同的
颜色！

老师！
我也想学！
教我！教我！

没问题！
今天我们就来研究
这个魔法配方！
变
身

魔法师的神秘配方

为什么蝶豆花茶会变色呢？
一定跟老师加的东西有关。
闻
喝
究竟加了什么，先请你们观察一下，闻一闻、喝一喝，再找答案。

喝起来酸酸的。
喝
咕噜

有柠檬的香味，
闻
闻
加的是柠檬汁吗？

答对了！不过蝶豆花茶原本是蓝色，
为什么加柠檬汁就会变成红色呢？

柠檬汁颜色有点白白黄黄的，
会不会是黄色加蓝色，所以变色了啊？

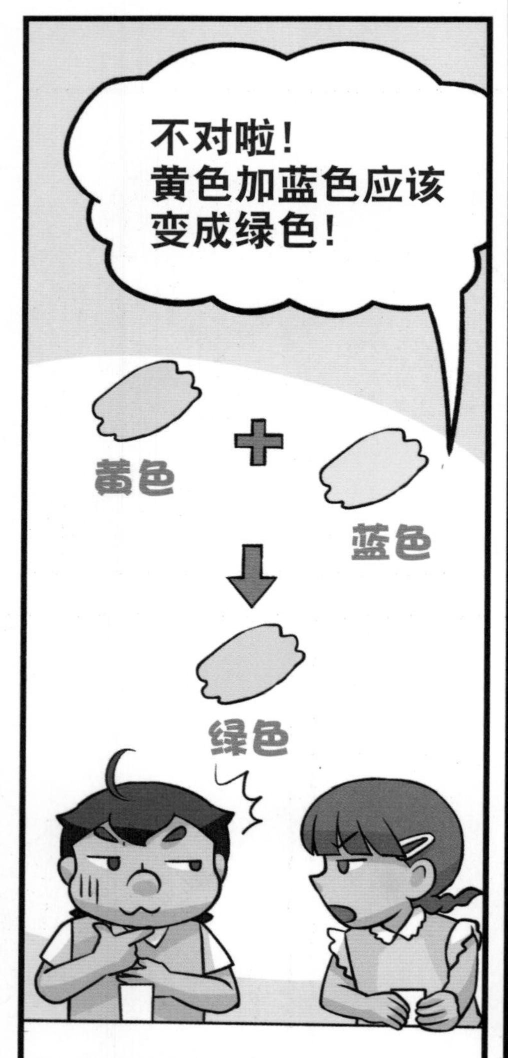
不对啦！
黄色加蓝色应该
变成绿色！
黄色
蓝色
绿色

我想到了！
我在书上看过紫
甘蓝遇到酸或碱
会变色。
酸
我想蝶豆花茶会
变色，应该也跟
这个有关。

安安的推测有道理，
我喜欢有想法的人！
蝶豆花茶遇到
酸或碱会不会变色，
我们来实验一下。

水溶液的酸碱值

水溶液可分酸性、中性和碱性，我们用 pH 值来标识水溶液的酸碱程度。当 pH 值等于 7 的时候，水溶液为中性；小于 7 的时候，水溶液呈酸性；大于 7 的时候，水溶液呈碱性。pH 值越小表示酸性越强，pH 值越大表示碱性越强。

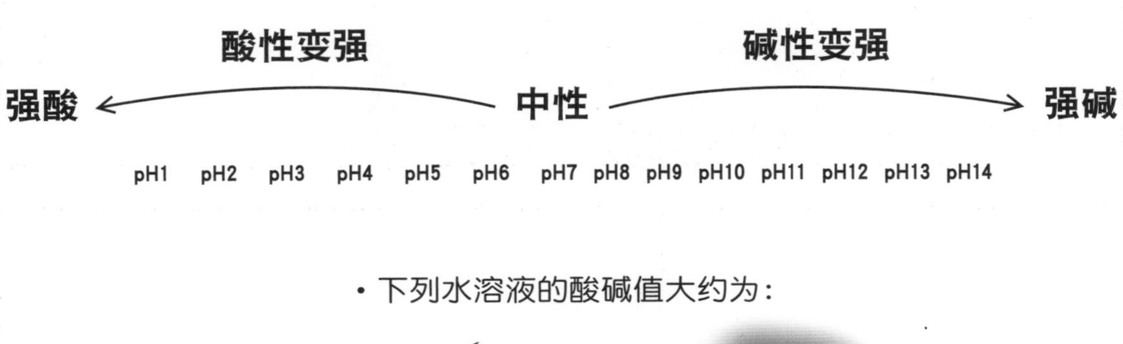

· 下列水溶液的酸碱值大约为：

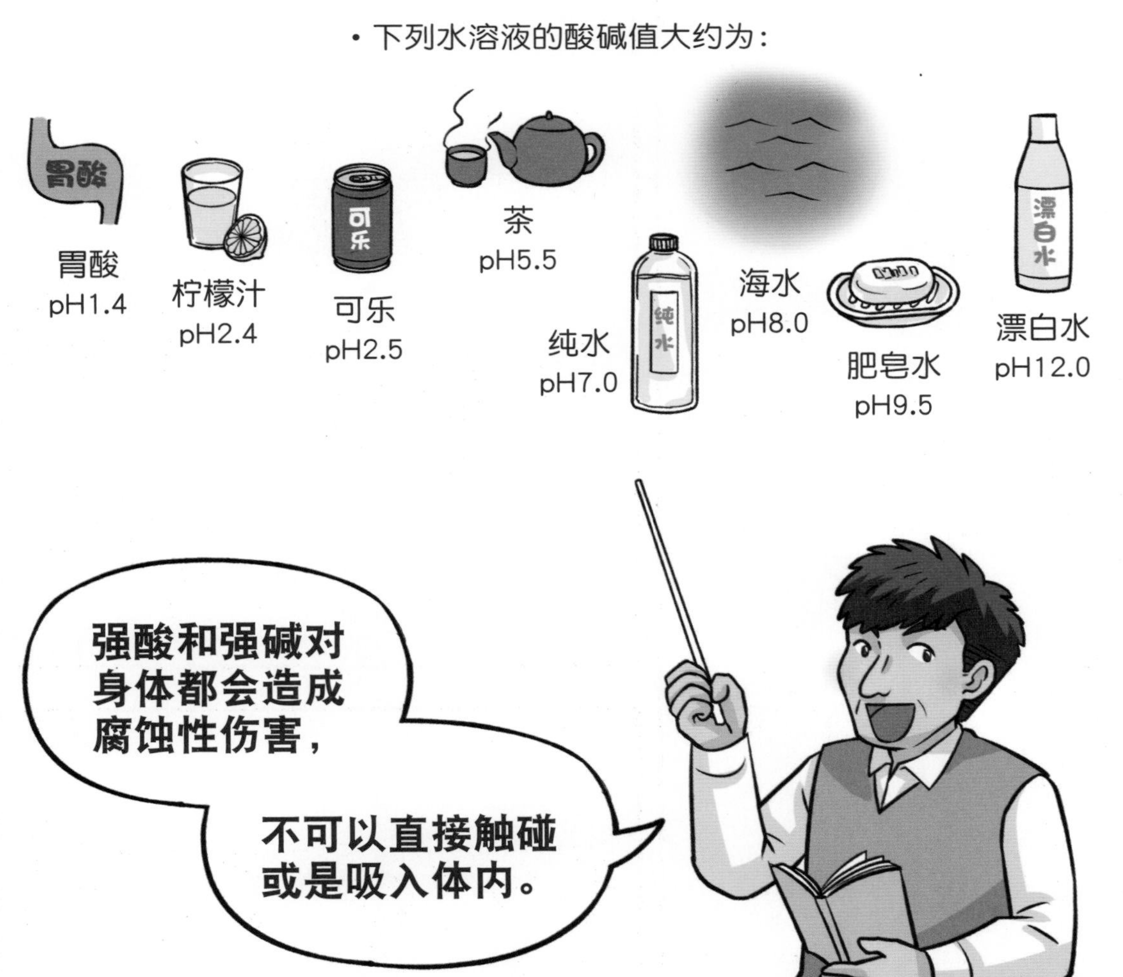

做化学实验要遵守的规矩

BOOM
我知道！
随便混合东西
有可能会发生危险！
没错！
比如说，要把盐酸加到水里稀释，如果反过来做会怎么样？
盐酸
水
两种溶液谁加谁的顺序有差别吗？反正最后都会混在一起。
不一样！
正确顺序是
把盐酸加到水里！
如果你做错顺序，液体就会喷出来！
水
盐酸
为什么？

我知道，就像
妈妈做菜时，
只要一滴水掉
到热油锅里，
就会乱炸！
吱吱
没错！
会四处乱炸，
而且你会没地方逃！！
BOOM
被炸到就会受伤！
所以化学实验
的步骤和顺序
都很重要。
做错的话，
可能让自己受伤，
旁边的人也会遭殃！
遵命，老师！

实验一 酸和碱的变色实验
热水
白醋
自来水
食用
小苏打粉
滴管 3 支
试管 3 根
空杯子 6 个
干燥的蝶豆花
* 请勿用强酸和强碱来做实验，以免发生危险！
今天我们要上一堂研究蝶豆花茶遇到酸或碱会不会变色、会变什么颜色的魔法化学课。
首先我们来准备蝶豆花茶。
冒气
先准备一壶热水，
放一些干燥的蝶豆花进去。
放入
哇——
蓝色从蝶豆花里跑出来了！
渐渐变蓝
接着我们需要什么？
酸和碱！

你们提出想法，
我就给你们材料。
我们来实验看看，
蝶豆花茶遇到酸性、碱性和中性的溶液会怎样。
咚
咚
咚

刚刚有人说柠檬汁
喝起来酸酸的，
请问柠檬汁是什么性？
酸性！

尝起来酸的
就是酸性吗？
应该是吧！
是吗？

那酸性的溶液
一定得用柠檬汁吗？
醋闻起来
也是酸的。
这杯是醋，
对不对？
没错！
乔乔的鼻子很厉害！

请问碱性溶液
用哪一种来做？
我知道！小苏打
粉是碱性的。

安安
很棒哦！
锵锵
小苏打粉来啰！

这个可以喝吗？
会不会中毒啊？
放心！老师准备的
是可食用的小苏打
粉，不会中毒。

来，我们加一些
小苏打粉到水里。
倒入

搅拌

好像牛奶哦！
我要让杯子里的小苏打浓度最高，直到怎么样都无法把小苏打溶解完，这样叫作什么？
小苏打水溶液？
再想想，给你们提示，好像吃东西吃饱了，再也吃不下，这种水溶液叫作什么？
以前看过，叫作“饱和水溶液”！
饱和水溶液
说得对！它就叫作“小苏打饱和水溶液”！
3 号杯是中性的自来水，为了不弄错，我们在杯子上写上名称吧！
小苏打

现在请你们轮流来实验，这四杯蝶豆花茶里，1 号杯加酸性水溶液，2 号杯加中性自来水，3 号杯加碱性水溶液。
4 号杯呢？
4 号杯是对照颜色用的，不加东西。
醋
水
小苏打
1
2
3
4
举手
我先！我先！
请你加一滴管的醋到 1 号杯。
醋
先把滴管放到醋里，橡皮胶头压到底……
压
移动
醋
1
然后慢慢放开胶头，就可以吸取一滴管的醋。
松开
吸
再把滴管内的醋，按压加进蝶豆花茶里面。
滴
小心！
滴管不要沾到蝶豆花茶！
惊
碰到有关系吗？不是都要加在一起？

不行！
这样你会让装醋的杯子
沾到蝶豆花茶。
两种溶液混在一起
的话，大家的实验
就有可能失败了！
抬手
好嘛！我抬高
行了吧！
滴管位置太高，
没准会滴到手！
这样也
不行啊！
慢慢
降低

滴入
请问滴管使用
完后放哪里？
我知道！
放回装醋的杯子里。
放回
真棒！
这样才不会混进其他
溶液，实验成功！

颜色变红了！
好漂亮啊！
所以酸性溶液会让
蝶豆花茶变红色。
变色

2 号杯要加自来水！
滴入

好像没什么
变化。
还是蓝色的。

3 号杯要加碱性
的小苏打饱和水
溶液。
滴

颜色好像
变深了……
有点绿色，
又像是蓝色。
渐渐变色
3
我来看！我来看！
我先看啦！
推挤
推挤
小心拿稳，别打翻了！
打翻有危险性的东西，
就得付出代价哦！
我听说有人不小心
实验受伤，还被送
到医院。
所以现在开始就要养成
正确实验的好习惯哦！
害怕
害怕
放下

蝶豆花茶为什么遇到酸或碱会变色？

蝶豆花里面有一种叫作“花青素”的植物色素，存在于植物细胞的液泡中。因为花青素是水溶性的，会随着酸碱度的变化而转变结构，所以蝶豆花茶会呈现出不同的颜色。

蝶豆花中的花青素在中性溶液中呈现蓝色，随着酸性增强会转变为紫色到红色，在碱性溶液中则转变为蓝绿色至黄绿色。

酸性溶液

中性溶液

碱性溶液

调色魔法师

实验二 调色挑战
食用小苏打粉
紫甘蓝 1/4 棵
白醋 自来水
试管 4 根
自封袋 1 个
空杯子 6 个
滴管 3 支
擀面杖
刚才的实验告诉我们：蝶豆花里的花青素遇到酸或碱会变色。
接下来有一个更厉害的挑战！
这次我们用它来挑战！
谁能调出越多颜色就越厉害！
我在书上看到紫甘蓝遇到酸或碱时，颜色的变化会更多！
要做沙拉吃吗？
小钧饿了吗？安安说得没错！我们来试试看！

首先我们来准备
紫甘蓝汁。
撕
丢入
撕
丢入
先把叶子撕
成小块……

放到
自封袋里……
揉
伸
打
敲打、压出菜汁……

把榨出来的汁倒进杯子里，
再加点水……
倒下
咕噜噜

完成！
呀——

现在我们要进行化学魔法随堂测验！
给你们 4 根试管，请你们合作调出 4 种不一样的颜色配方，还要把配方记录下来哟！
看看怎样调出最厉害的魔法配方！
挑战的题目是……
第 1 根试管要调出红色、第 2 根要蓝色……
①
红
②
蓝
③
?
④
?
第 3 根和第 4 根嘛……
第 3 根和第 4 根让我们自由创作啦！
乔乔的主意很棒！就让你们自由创作。
挑战开始！

我来挑战调出……
红色！
滴入
一滴管的紫甘蓝
汁，再加一滴管
的醋……

完成了！

紫甘蓝汁
加小苏打水，
加！加！加！
滴入
吸
蓝色！蓝色！
再蓝一点！

咦？
怎么变绿了一点！

看我的创意！
加酸……
再加碱！
加
加
吸
吸

哇——
喷出来了!!
醋
怎么会这样?
我就东加一点、西加一点……
不要只顾好玩把酸碱加在一起。哇！喷完了！
你要设法让它不要喷出来，这叫作学会“控制实验”。
我应该一次加一点就好……
接下来该怎么办……
加
加
我来帮你补救一下！
哇，是漂亮的粉红色，里头还有泡泡，好像汽水！
我重新调出了蓝色！
微微冒泡
好棒！现在请说说四根试管的配方各是什么。

第 1 根我调出桃红色，
用一滴管紫甘蓝汁
加一滴管的醋。
+ =

第 2 根我想要调蓝色，加一滴管
小苏打溶液变成蓝色，可是我想要
更蓝，又多加一滴管小苏打溶液，
结果就变成蓝绿色了。
+ + =
哈哈
误打误撞

第 3 根好像是
一点酸、一点碱……
哎呀！我忘记了。
加到都
喷出来了
后来我又加了半滴管的紫甘蓝汁
和几滴醋，就是这个粉红色了。
+ =
我调红色的时候发现溶液
会先变成粉红色，醋加得
越多，颜色就会越红。

因为第 2 根加太多碱，
结果变成蓝绿色。
+ =
第 4 根我只加
一滴管的紫甘蓝
汁和一滴管的小
苏打溶液，就是
蓝色。

很好！你们发现不
同的酸碱或不同的
量会导致不同的颜
色变化。
谁可以告诉我，
哪种颜色酸性强，
哪种颜色碱性强？

红色酸性强！
酸
碱
蓝绿色碱性强！
真棒！
没错！你们的化学魔法测验都合格了！

哎哟，刚才实验不小心打翻了紫甘蓝汁……
滴点小苏打水试试看……
小苏

老师！老师！
我发现纸上的紫甘蓝汁遇到小苏打水也会变色呢！
想想看，这样的特性可以用来做什么？

可以做成测试的纸，随时拿出来检测酸碱度！
这样很方便，用颜色就可以判别酸碱。
我等不及要回家试试看。
赞！
有想法，我喜欢！

用紫甘蓝汁自制好用的pH试纸

市面上出售的 pH 试纸（广范试纸），是通过观察试纸接触溶液后的颜色变化，来判定溶液的酸碱度。紫甘蓝汁中的花青素遇到酸和碱的颜色变化非常丰富，可以用它自制好用的 pH 试纸；使用时要小心，避免接触强酸和强碱，以免发生危险。

把画纸浸泡在紫甘蓝汁里，取出干燥后剪成条状就完成了！

用自制的紫甘蓝试纸蘸不同的酸性或碱性溶液测试，就可以有这么多不同的变化哟！

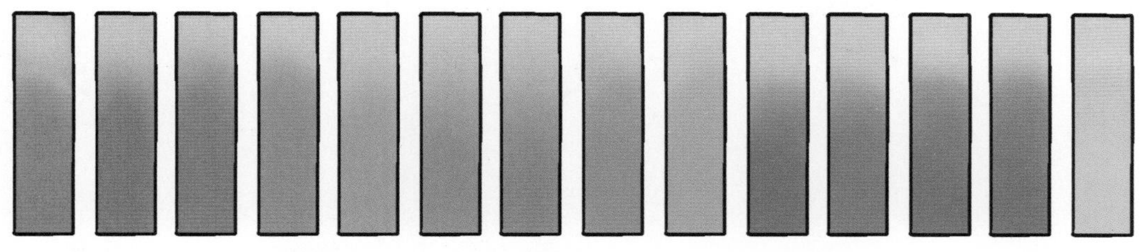

强酸 ← 弱酸 ← 中性 → 弱碱 → 强碱

创意饮料变变变

实验三 分层彩色饮料
调出各色的蝶豆花茶
瘦高的玻璃杯
搅拌棒
糖
量匙
刚才你们调出了好几种颜色的紫甘蓝汁和蝶豆花茶，猜一猜，现在老师要做什么？
把所有的颜色加在一起，看看会变成什么颜色。
这样一点都不好玩。
我想让不同颜色的水分层装在这个杯子里，变成彩色饮料。
好酷哦！学会了之后，我可以开店卖彩虹饮料！
可是，颜色不会混在一起吗？

所以我需要一个
秘密武器来帮忙。
白色的东西
是盐吗？
拿出
盐也可以，但是甜
的比较好喝，所以
老师准备的是糖。
彩色饮料的颜色排
序要怎么设计呢？
蓝色在
最上面！
红色在
最中间！
紫色在
最下面！

先拿一杯紫色的蝶豆花
茶，请问加糖下去会有
什么变化呢？
倒入
搅
搅
糖不见了，
但是没有变色。

紫色的一共
加 4 匙糖。
搅
搅
倒
搅一搅！

红色的
加 2 匙糖。
搅
搅
倒

紫色的加 4 匙糖、红色的加 2 匙糖、蓝色的没加糖，请问相同体积的溶液，哪种颜色的溶液会最重？
紫色这杯，因为加的糖最多。
聪明！
我知道了！紫色的糖最多、最重就会沉下去，红色的会在二楼，蓝色在三楼。
对哦，小钧说得有道理！我们来试试看！

先倒紫色的，让它“住”进一楼。
接下来要怎么加，才可以把一楼、二楼、三楼漂亮地分开来？
要慢慢倒，要不然冲太快会混在一起！
咕噜噜
要斜斜地拿着杯子倒，溶液沿着杯子流下去，就不会冲得太快！

说得对！
就听你们的，
把杯子斜着，
慢慢倒……
倒
咕噜噜
倾斜
老师加油！加油！
真的分成两层了，紫色
和红色的界线好清楚！

最上面加
蓝色。
倒
哇！好像彩虹
一样漂亮！

慢慢把它……
扶正！

闪亮
闪亮
成功了！

我也来试试。
糖最多的放在最下面，
越少的要放在越上面。
哇！又喷出来了！！

老师你看！
我又调了一个糖加得更多的，颜色有四层！
哇！你最厉害了！

游园会快到了，
我们就用蝶豆花茶来开一家饮料店。
彩色的饮料很特别，
一定会大受欢迎。
我要调一杯加很多柠檬和蜂蜜的“粉红派对”。
哇，你们这么有创意，
那我也不能输给你们！

我要来做
Q弹又好吃的……
蝶豆花冻！

为什么水加糖后，会变得比较重？

把糖加进水里，溶解后变成糖水，会比原来的水重；加的糖越多，糖水就会越重。

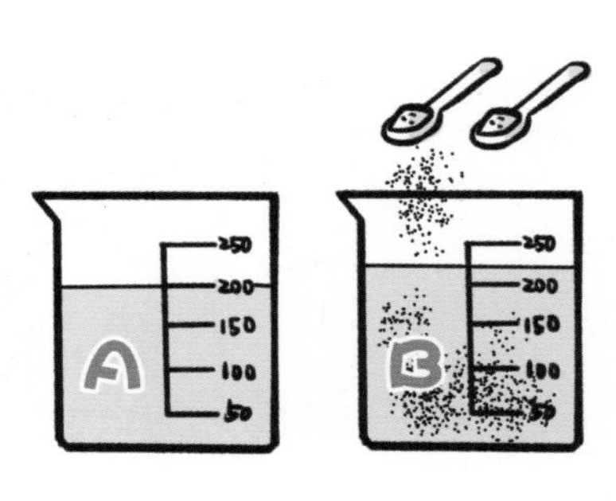

1 200 毫升的水，A 杯不加糖；
200 毫升的水，B 杯加 2 匙糖。

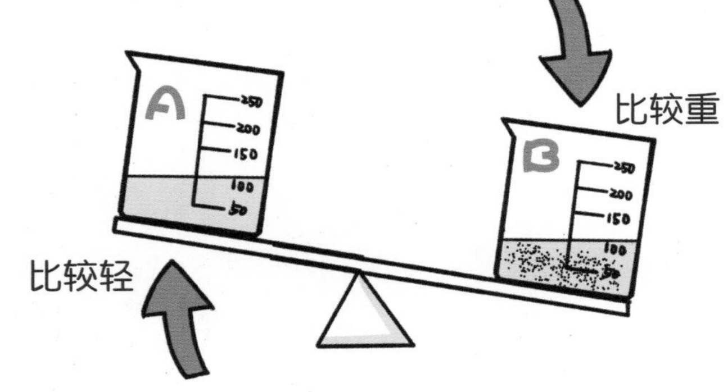

2 再取相同体积的水溶液相比，
含糖的水溶液比较重。

当物质比水重时就会往下沉，比水轻时就会往上浮。因此我们可以利用这个原理，加不同量的糖来调配彩色溶液，让最重的颜色在下层，轻的在上层，分层堆叠，就可以做出一杯漂亮的彩色饮料，这样的分层饮料一般会维持一段时间不混在一起。

实验四 蝶豆花变果冻
干燥的蝶豆花
水果刀
洋菜粉
热水
搅拌匙
柠檬酸
食用小苏打粉
方形容器
蝶豆花做成果冻
也会变色吗？
我们来试试看！
马上就有我最爱
吃的果冻了！
我知道！蝶豆花
茶加洋菜粉就会
变成果冻。
我们先准备
一壶热水，
加入洋菜粉和
干燥的蝶豆花，
加
倒
搅拌
不断搅拌均匀……
过滤掉蝶豆花，
倒到容器里头……
还是液体，
不是果冻啊！

要等多久
才会变果冻啊？
我等不及了……
老师说
等放凉就会凝固！

放冰箱比较快。
瞌睡

一小时后……
偷看

你们看！
凝固了呢！
按
压
摸起来好有弹性！

不可以
用手摸！
我们洗过
手啦！

把蝶豆花冻
小心地倒出来，
切成条状。
切
一边撒柠檬酸，
一边撒小苏打粉，
小苏打粉
撒
柠檬酸
撒
就可以做成
渐变色的果冻条。
咦！怎么还没变色？
要再等久一点吗？
老师！
为什么它还
不变色？
果冻是胶状物，
分子在果冻里移
动得比较慢，所
以要久一点才会
变色。
慢
慢

切
我想到了，把果冻
切成丁，放在柠檬
水里，一开始是蓝
色，过一阵子颜色
又不一样。
好棒！你们的
创意超级厉害！
这杯就叫
“耐心等”
饮料
下课前说一下，
你们今天有什么发现？

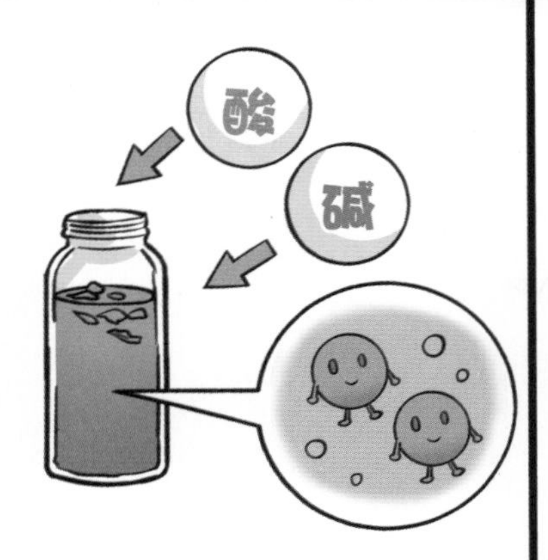
酸
碱

蝶豆花茶遇到酸或碱会变色，是因为有花青素的关系。

醋
水
小苏打水

蝶豆花茶加酸性的醋会变红色，加碱性的小苏打水会变黄绿色，加中性的自来水不会变色。

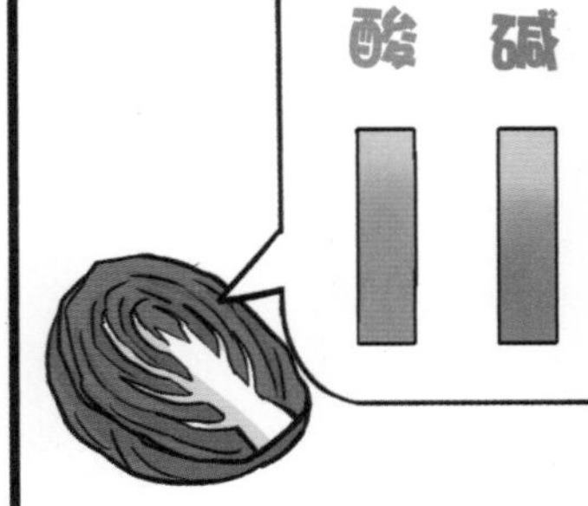
酸
碱

紫甘蓝的花青素是紫色的，碰到酸或碱可以变出更多的颜色，也可以用它做成 pH 试纸。

我们回家来玩“酸碱拔河”。把蝶豆花冻一边滴酸、一边滴碱，看看谁比较强。
好啊！
我一定会赢你！
那就给你们一些干燥的蝶豆花，带回家做实验哦！
小钧回家后……
怎么有果冻！
趁哥哥没发现，
我先享用啰！
呃——这个颜色和味道好怪！
哇——
呸呸

课堂笔记

小钧

今天乔乔带了一壶蝶豆花茶，结果老师一下子就让蝶豆花茶变色，好好玩！我们一起找出蝶豆花茶变色的魔法配方。原来，蓝色的蝶豆花茶遇到酸性的醋会变成红色，遇到碱性的小苏打水会变成蓝绿色。最后，我手忙脚乱地调了一杯会冒泡的饮料，还好乔乔帮我补救成功。老师提醒我们，化学课要特别注意实验的顺序和规则，才能安全又成功。

安安

蝶豆花茶会变色的秘密就是花青素。除了蝶豆花外，许多植物里面也有花青素，如紫甘蓝里也有。我们用画纸蘸紫甘蓝汁，碰到醋和小苏打水，真的会变色呢，好奇妙！后来大家又用图画纸做了pH试纸，可以随身携带，看到果汁饮料，马上可以测试一下，就知道酸碱度哦！

乔乔

我好喜欢今天的酸碱变色实验，我会用不同比例的酸和碱，调出颜色漂亮的蝶豆花茶。后来加糖增加重量，让比较重的颜色在最下面，再一层一层往上加不同颜色的水，就做出了漂亮的彩虹饮料。回家后，我又实验了一次，爸爸妈妈称赞我好厉害，居然能做出这么好看又好喝的饮料呢！

阿德老师的话：

小朋友最爱像魔术的科学实验，特别是水溶液的变色实验，当东西加进去后，几乎瞬间就会产生变化。能这般快速地反应，通常是化学反应居多。这样的瞬间效果，往往让小朋友深深着迷，会想一试再试，甚至背着老师和父母，自己躲起来动手玩。而我最怕的是小朋友实验成功，但忽略了背后的危险。

所以阿德老师在教这类化学实验时，总是要再三叮咛小朋友，做化学实验时最重要的，是严格依照指令和步骤来操作，不能按照自己的想法乱做实验，千万不要像小钧一样随意。如果出了乱子，同学和老师都有可能遭殃哦！此外，当小组的同学要动手做时，彼此都要互相知会和确认，一起观察实验结果，这样别人才不会错过观察时机。我们常说的按部就班就是这个意思，在进行科学实验时，我们都希望小朋友能通过动手实践来学习，但这并不是乱出主意搞创意的时机，要当一个科学达人，这个好习惯是一定要养成的哦！

紫甘蓝是很好玩的蔬菜，平常在吃沙拉时比较常见，或许你可以找机会拿一片菜叶子，切成一条一条的紫甘蓝丝，就可以做实验了。蘸一点小苏打粉，不一会儿就可看见它由紫色变成蓝绿色，滴几滴醋立刻又变紫红，真是好玩又神奇。还有家里常吃的紫色苋菜、红凤菜、葡萄、桑葚等蔬果，都含有花青素，也可以用来做实验。有机会拿到这些蔬果，不妨试试，看你能调出哪些不同颜色的水溶液，让自己来当一次魔法师。对了，最好邀请家人一起参加这个魔法派对，亲子同乐！也可以像小时候的阿德老师一样，把洋菜粉和红苋菜一起煮，变成好吃的蔬菜冻。当同学羡慕地问我在吃什么时，我炫耀说，我吃的是比果冻好吃又营养的“汁冻”，嘻嘻！老师小的时候，是不是也有点调皮呀？

蛋白质的秘密

黄豆变变变

考一考你们，有一
个袋子里装了绿豆、
红豆和黄豆。
怎样才可以快速地
把这三种豆分开？

我知道！
捡一捡，就能把
这三种豆子分开！
钧德瑞拉捡豆记
捡
捡

筛豆大联盟
摇
筛
掉
用筛的办法！
让小颗的豆子
掉下去！

哼哼

都不对，我只要一秒就可以把它们分出来！
真的吗？

因为袋子里只有三颗豆子！
一颗绿豆、一颗红豆、一颗黄豆！
晕倒
傻眼
什么啊！太搞笑了吧！
你们在玩什么豆子？

还真巧！今天我们正好也要做和豆子有关的实验。

先请你们看看
老师准备的材料。
聪明的小朋友
会从这里找出
蛛丝马迹!
黄豆
盐
糖
醋
我知道!
有锅子、炉子和黄豆……
今天要吃火锅!
闪亮
闪亮
太棒了!
你吃过豆子
火锅吗?
仔细看看还有
什么线索。

醋
黄豆
！
有果汁机。我知道了！
要“打豆浆”对不对？
是先用果汁机打黄豆，再煮成豆浆。
说得对！答案正确！今天的主角就是黄豆。
我们来好好研究一下，神奇的黄豆可以变出哪些东西。

黄豆怎么变豆浆？

实验一 豆子变豆浆
黄豆
黄豆 1 千克
（泡水 6 ～ 8 小时）
热水
杯子
果汁机
不锈钢锅
电磁炉
汤勺
棉布
黄豆怎么变成豆浆？赶快来做做看！
我迫不及待要喝豆浆了！
这里是实验室，不是餐厅啦！
我们得先研究怎么把黄豆做成豆浆。
好，有想法就给你们材料！你们需要什么？
应该先用果汁机把黄豆打碎成汁。
果汁机和黄豆。

泡水的黄豆和
没泡水的黄豆，
要用哪一种啊？
黄 豆
泡过水的黄豆皮
皱皱的，也变大
颗了。
我泡澡的时候，
皮肤也会变得皱皱的……
离题了！
回来！
拉
我知道！要用
泡过水的黄豆！
H_2O
H_2O
H_2O
H_2O
因为泡过水的黄豆
会膨胀变软，比较
容易打成汁。
这样打出来的
豆浆营养成分
可能比较多！
真厉害！我喜欢！

我来加黄豆！
做科学实验的时候，要注意“数量”的问题，你们觉得应该要放多少黄豆？
我觉得大概加到 1000 毫升。
想想，接下来要做什么？
这样直接把黄豆打碎好吗？
不行！还要加上盖子，不然会喷得到处都是！
除了加上盖子，你们要把黄豆加到这么满吗？
我们先试试看。两个人按盖子，一个人按下按钮。
按下
我先开“弱”挡。

只有底下一点点的黄豆被打碎……
上面的黄豆都打不到，怎么办？
我们按“强”挡试试！
按
咔

还是打不动……
不动
动
咔咔
咔

是不是一次不能放太多黄豆啊？
豆浆是不是有很多水分？你们觉得那是黄豆打出来的，还是另外加的？

我知道了！
我们放一些水进去，再打一次！
说得好

倒倒
咕噜噜
按下
哇！
中间的黄豆被吸进去，
出现白色的豆浆了！
咔咔咔
咔咔咔
轰轰轰轰

伤脑筋，
最上面的黄豆
还是打不到……
咔
咔
停下
按停
会不会是放了
太多黄豆啊？
乔乔说得很好！

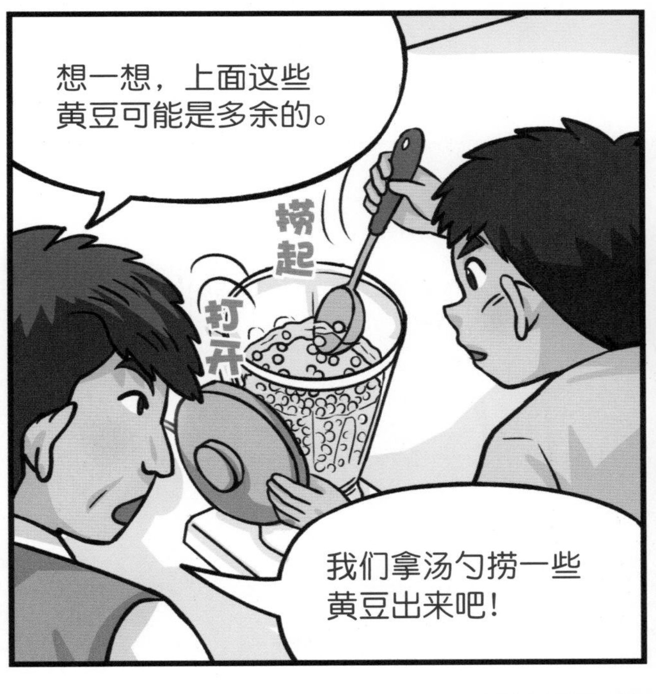
想一想，上面这些
黄豆可能是多余的。
捞
起
打
开
我们拿汤勺捞一些
黄豆出来吧！

黄豆变少了，
我们再试试行不行！
再捞起

直接开“强”挡再打一次！
3、2、1，开始！
盖上
加油
加油

哇——有漩涡，豆子全都被吸进去了！
咔咔咔
咔咔咔
咔咔
轰轰轰轰
打出好多泡泡，还榨出好多豆浆！
真棒！我们换“弱”挡试试，打不打得动？
开“弱”挡也打得动呢！
有豆浆味了！好香哦！“阿德豆浆”店开张了！
阿德豆浆
香喷喷

嘿嘿，太棒了！
现在可以喝了吗？
嘿！要煮熟
才能喝啦！
对的！
除了煮熟外，
锵锵
老师还准备了
棉布！
我知道！
要过滤豆浆中的渣渣。
真棒！
没错！安安厉害哦！
把这块干净的
棉布放在锅子上。
铺上
把刚刚打好的豆浆
倒上去过滤……
倒上
慢慢过滤

滤完变得好少！
这么多黄豆怎么才
做出这么一点点豆浆？
拿起
滴
可以转一转，再把
里头的豆浆挤出来。
乔乔厉害哦！
老师来转转看，
你说还要挤一挤对吗？
转
转
滴
滴答
挤
挤
哇！
豆浆都跑
出来了！
用力
滴落
咻
咻
咻

*制作豆浆，黄豆和水的比例约为 1：6 ～ 1：10。

哔

冒泡泡了！

啊！天哪！
泡泡漫出来了！

冒泡泡是豆浆在加热的过程中，最容易发生的一个现象。
为什么煮豆浆这么容易冒泡泡？
因为豆浆的成分？

“成分”，这个词用得好！请问豆浆有什么成分？
钙质？
我上次调彩虹饮料时，加了酸和碱就冒泡泡，是不是和酸碱有关系？

你的联想很好！
不过豆浆冒泡
不是因为酸和碱，
是豆浆里有很多
蛋白质，这也是
豆浆主要的营养
成分。
蛋白质
哟呼！
因为有蛋白质，
所以容易起泡！
加热牛奶也会有
同样的情况！

哇！喝豆浆了！
等等，先放凉一点，
再来试喝你们自己
做的豆浆。
分装
我闻到一股烧焦味。

煮豆浆还有一个
难点就是……
必须不间断地搅拌，
不然它的底部容易
沉淀烧焦。
嘿嘿嘿
不然就会变成……
烧焦口味的“阿德豆浆”了。

豆皮豆皮你在哪里？

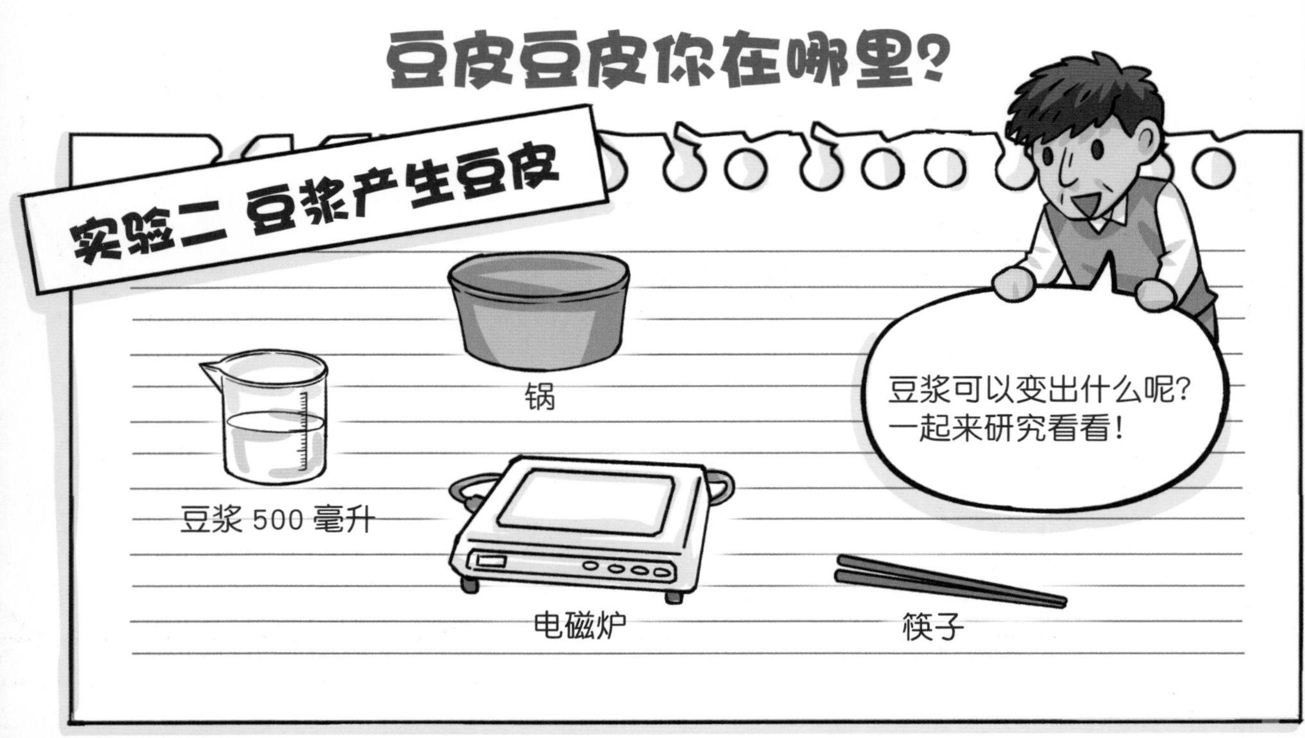

实验二 豆浆产生豆皮
锅
豆浆 500 毫升
电磁炉
筷子
豆浆可以变出什么呢？一起来研究看看！

老师，可以喝豆浆了吗？

现在还很烫，老师先来考考你们！
豆浆加热之后，会有什么变化？

豆浆加热会……
火山爆发！
BOOM
谁有不一样的想法？
一直煮，豆浆就会蒸发掉。

我知道！
会出现“豆皮”！
豆皮？

有一次我奶奶煮豆浆，
我喝到了一层像膜的东西，
喝
？
吃起来有弹性，
我奶奶说那是豆皮。

豆浆是液体，
怎么可能跑出
有弹性的豆皮？
乔乔一说，
我好像也看到过！
你在什么时候
看到的呢？

我妈妈把冰豆浆加
热后，倒到杯子里
给我。
我发现，
豆浆上面有
一层东西出现。

你是说冰豆浆“加热”
后才有，原本的冰豆浆
没有吗？
所以豆皮出现的
关键是……

加热！
豆皮豆皮你在哪里？会不会藏在加热的豆浆里？
我们一起来找找看！
靠近
哇！好大一块！
豆皮真的藏在豆浆里面呢！
夹起
搅
没错！专门做豆皮的人，就站在煮沸的豆浆旁边，用电风扇一直吹，把豆浆吹凉，上面就会凝结出一层豆皮。
我们煮的豆浆也是这样，表面遇冷就可以捞出豆皮。

好烫哦！
有豆子的香味。
大口
吃
现做的，
好好吃！
你们的口水
都流出来啦！
有谁知道这层薄薄的豆皮，主要成分是什么？

蛋白质！
有钙质，豆奶类食物都会有钙质，我在书上看过。
还有油脂！
你们说的
都正确！
安安你怎么知道
它有油脂？
棒！
豆皮看起来油油亮亮的，我觉得应该有油脂。

以豆子来讲，
黄豆的个儿大，
是最常见的大豆。
所以黄豆做的油也
叫作“大豆油”。
人们常用它拌沙拉，
也叫“色拉油”。

豆浆为什么会变出豆皮？

豆浆加热后，若豆浆表面接触到冷空气，就会在上面凝结成一层膜，也就是我们常吃的豆皮。

豆皮，主要成分是蛋白质，以及脂肪和多糖物质形成的凝胶。当豆浆加热时，豆浆里面的蛋白质等营养成分会浮于表面，随着冷却的过程凝结成一层膜，所以豆皮也就是豆浆的精华。豆浆越浓醇，加热豆浆后可以产出越多的豆皮。牛奶中也富含蛋白质，加热后也会形成一层膜哦!

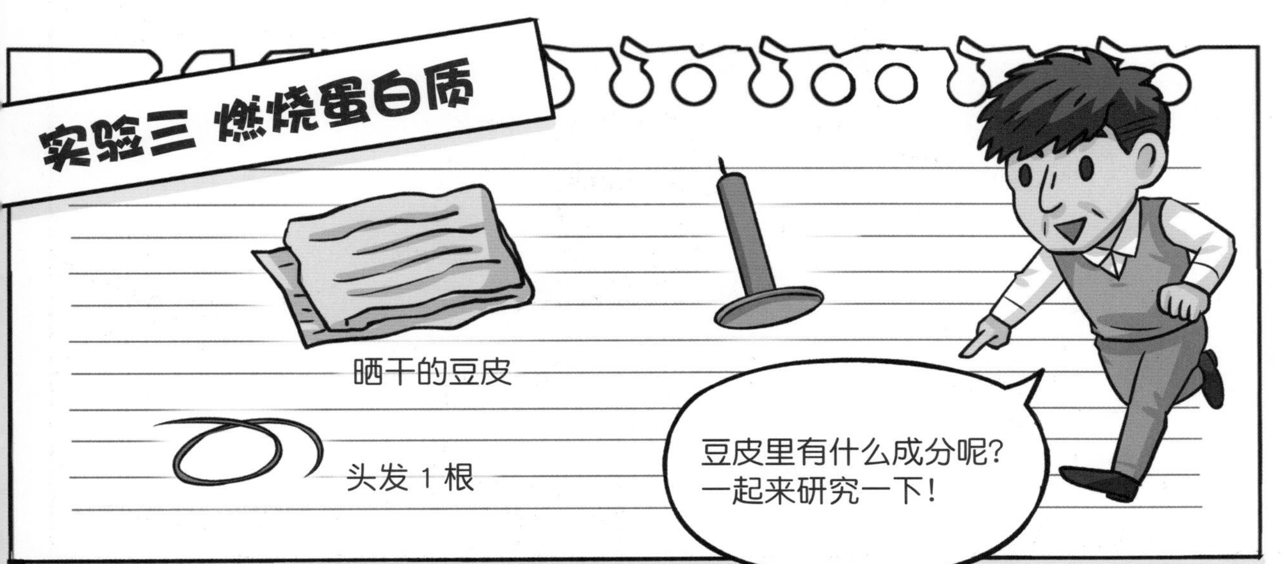
实验三 燃烧蛋白质
晒干的豆皮
头发 1 根
豆皮里有什么成分呢？
一起来研究一下！

当当！
这个就是晒干的豆皮。
啪
好像塑胶，好硬哦！摸起来滑滑的，看起来亮亮的。
豆皮晒干后，可以延长保存的时间，
不坏！不坏！
我们不会坏！
要吃的时候，再煮一下，把蛋白质煮软。
啊！
我们软了！

刚才你们说豆皮的主要成分是蛋白质，
我们要怎么证明呢？

我知道！
用蜡烛烧烧看！
没错！我小时候
最爱做这个实验。
我的老师就曾经说过
头发里含有蛋白质。
谁愿意提供一根头发
让我们实验？
嘿！我拔！
拔
好痛！
乔乔的头发最长，
可以用她的来做
实验。
下次不可以乱拔
别人的头发哦！
乔乔辛苦了！
现在我来
燃烧头发。
靠近
有气味跑出来了！
好像烤肉
的气味！
烧起
吱吱
* 必须有大人在场，
才能用火做实验。

这就是蛋白质燃烧后的气味，我们换成烧豆皮，闻闻看，是什么气味？
跟燃烧头发一样，像烤肉的气味，好饿哦！
闻
闻
闻
豆皮的成分也是蛋白质，所以燃烧的气味跟头发燃烧时很相似。
这气味让我想到小时候喝豆浆，甜的喝腻了，问老板有没有其他口味。
老板就跟我说：“那你喝咸豆浆好了。”结果端上来，我就傻眼了！
为什么？
咸豆浆里有油条、葱花，上头淋了香油……
最后，老板在豆浆里滴了几滴东西，
我用汤匙放进去搅一搅，
咦？
我的豆浆呢？
它变得不像豆浆啦！

猜猜我看到的是什么。
豆皮？
牛奶？
不是豆皮也不是牛奶，
感觉有点花花的……
豆花？

说得对！
变成豆花了。
那一天我才知道，原来他说的咸豆浆，其实就是咸豆花。
我就很好奇，加了什么东西，豆浆会变成豆花？

咦，是葱吗？
应该是老板
最后加的东西。
会凝固的东西吗？

“凝固”！
这个关键词用得好！
还有一个词更合适，
叫“凝结”，
是什么东西让豆浆“凝结”成
豆花？我们来实验看看！

实验四 豆浆变豆花
豆花是怎么做出来的，一起来实验看看！
糖饱和水溶液 50 毫升
盐
盐饱和水溶液 50 毫升
干净的滴管 6 支
糖
豆浆 500 毫升
醋
小苏打饱和水溶液 50 毫升
柠檬汁 50 毫升
醋 50 毫升
食用酒精 50 毫升
玻璃杯若干个
现在，老师准备了 6 种不同的溶液，请你们一人负责加两种，看看是什么让豆浆变成豆花。
小苏打
糖
盐
柠檬
醋
酒精
我们只需要 6 杯豆浆啊！为什么倒了 7 杯？
我知道！第 7 杯是“对照组”，要拿来比较豆浆到底有没有凝结。

好，
告诉老师
你要加什么。

我要加盐水，
因为咸豆浆是
咸的。
我也想加酒精，
说不定酒精能让
豆浆变豆花。

我要加柠檬汁，因为
我知道牛奶加柠檬汁
会变奶酪，说不定豆
浆也会有变化。
牛奶
另一杯我来加小苏打
水，看碱能不能成功
让豆浆产生变化。

乔乔加柠檬汁，
那我加醋好了，
都是酸的。
剩下一杯我要加糖水，
因为我最喜欢甜甜的豆花。
糖

都选好了吗？
我们一共要加
三滴的量，一次
请加一滴。

做实验的时候要记得，滴管不能碰到下面的溶液。
乔乔说得很棒。
当第一滴滴下后，再分别滴入第二滴和第三滴。三滴都滴入后，记得把滴管归位。
加入
加入
加入
滴
滴
滴
柠檬
小苏打
醋
糖
盐
酒精
请你观察一下，你的豆浆有没有变豆花？
没有……
哇！摇完后，我这杯加醋的豆浆变成豆花了！
可以拿起杯子，以绕圈的方式轻轻摇一摇。
晃
绕圈
加柠檬的这杯也变了！

是不是因为
它们都是酸的？
所以酸的都
可以吗？
没错！我当时吃了一口
变豆花的咸豆浆，发现
怎么有点酸酸的，原来
是老板加了醋。
我的都没变成
豆花……
说不定再多加一些就会了？
我们再追加三滴的量试试看。

第一滴、
第二滴、
第三滴……

会这样数很好
哦！就不容易
做错实验！
真棒！

啊！加酒精的
有点变化了！
渐渐
变化
这杯加醋的豆花
变得更多了！
如果你们看不出来变
化，可以跟对照组豆
浆比对一下哦！

加小苏打水和糖水的都没有变成豆花。
加盐水的也没有凝结成豆花。
足蹈
我加了醋的这杯超级花！
手舞
你的不是超级花，是宇宙无敌花！
最后，来试试看，请你把剩下的溶液，小心、缓慢地全部倒进豆浆里……
哇！加醋的这杯变成了超级豆花！
稠稠
加柠檬汁的这杯也是！

哇！豆花沉到下面了，好神奇！

＊请使用乙醇成分的酒精做实验，不可以用甲醇成分的工业酒精做实验并食用，以免发生中毒。

豆浆凝结成豆花的原因

豆浆的主要成分是黄豆里的蛋白质，这些蛋白质的表面覆盖着一层水膜，无法聚集凝结成块，因此形成了胶体溶液，这就是豆浆。

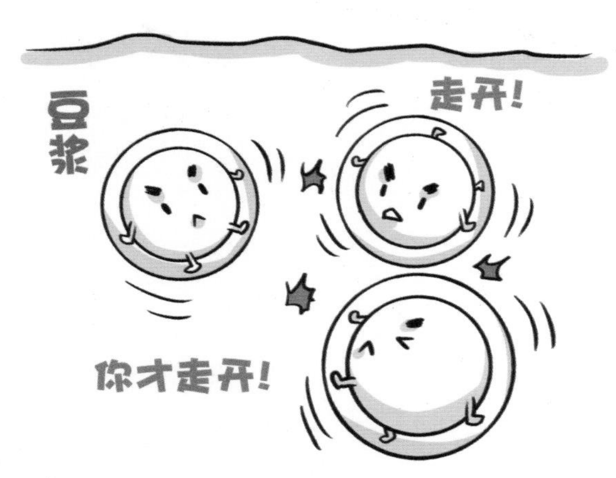

当豆浆遇到酸，豆浆中蛋白质表面的水膜就会被破坏，让分散的蛋白质颗粒聚集起来，凝结成豆花。但市面上出售的豆花为了口感好，并不会用酸，而是用盐卤、石膏等来制作，它们同样也能让蛋白质凝结。

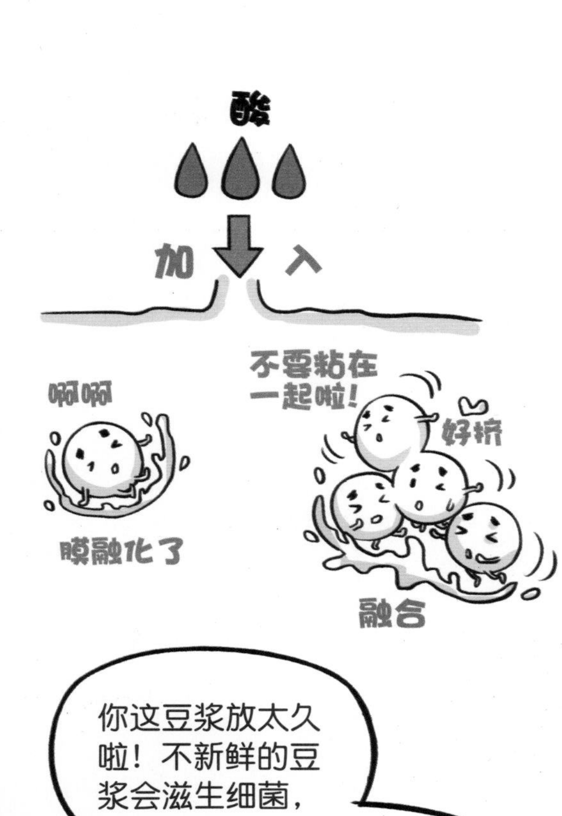

做豆腐大挑战

实验五 豆花变豆腐
想想看，豆浆还可以变成其他东西吗？
豆花一大杯
网状容器
棉布一块
盆子
口罩
豆浆可以变出豆皮，又可以做成豆花，还可以变成其他东西吗？
我知道，还可以变成豆腐哦！
没错，要做豆腐，首先要煮好豆浆，然后让豆浆变成豆花，再把豆花变成豆腐。
我们也可以做吗？
举手
没问题！
握拳！
我们来做超级厉害的豆腐。
太好啦！

做豆腐就是要将豆花去掉水分。
倒下
先把豆花放在一个容器里，
留住豆花，让多余的水分流下去。
慢慢落下
棒！
容器底下要有缝，可以让水分流掉。
滤网可以排掉多余的水，但如果滤网太粗，豆花也会掉下去。
掀开
我们可以在滤网上放一块棉布，避免豆花也被过滤掉。
摆放
老豆腐表面有布的纹路，就是这个原因吗？
聪明！如果你找不到棉布和容器，老师还想到一个方便又好用的材料！

＊建议使用干净的新口罩哦！

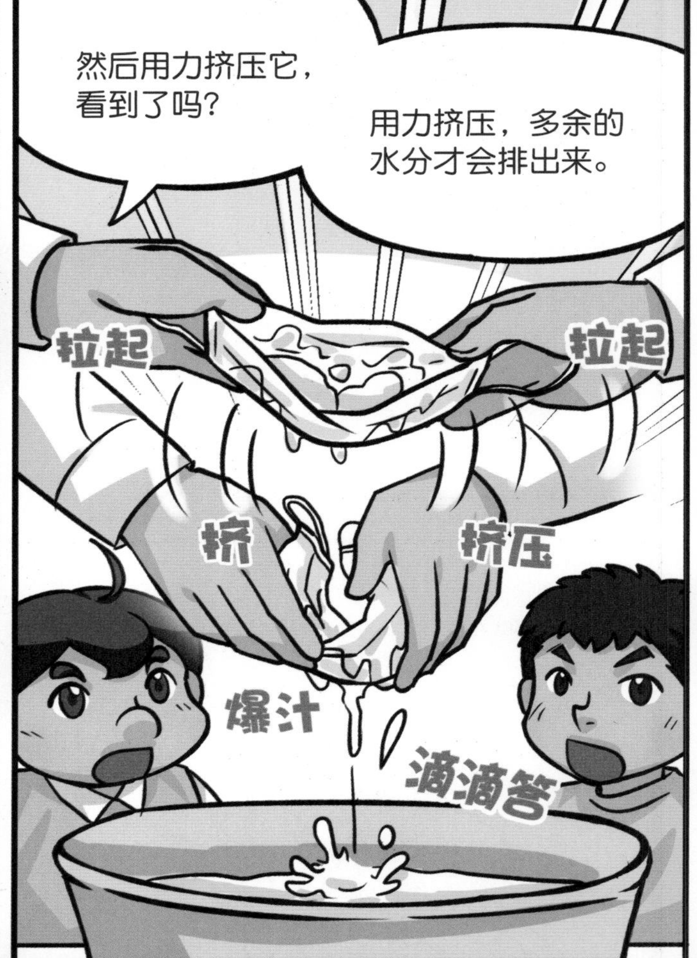

以前手工做豆腐的人
把豆花放进容器以后，
放入
上面放重的东西，
用力压它。
放上
等待一段时间后，
豆腐就成形了。
现在换你们来做豆腐！

推挤
用力挤
出水
压
压
用力压
出水

通常得花很长时间，
它才会变成一块豆腐。
今天因为时间不够，
咱们马上打开来
观察一下，看看
自己做的豆腐。

哇——
这么多豆浆才做出这么一点点豆腐！
所以豆腐店要有很多豆浆才行。
小钧不要偷吃！
吃
戳
好软！
我的豆腐好酸！
用醋做的豆腐放在水里浸一浸，再换新的水进来，就可以把醋带走，豆腐就不酸了。
放入
带走醋
外面买的豆腐也是用醋做的吗？
好问题，外面买的豆腐是加盐卤做成的。
海水做成盐巴后，剩下来的水就是盐卤。
盐田
豆浆加入盐卤，很快就会变成豆花！
盐巴
盐卤

下课前，请说一说，今天学到了什么？
豆浆有很多蛋白质，煮的时候很容易冒泡漫出来，要特别小心。
溢出
沸腾了
豆浆加酸或是盐卤就会变成豆花，再把水挤压掉就变成豆腐了。
酸
豆浆
豆花
挤压
豆腐
豆浆里的蛋白质加热再遇冷就会变成好吃的豆皮，
遇冷
豆皮
加热
我要把泡过水的黄豆拿回家种，这样就有更多的黄豆，可以做出更多的豆浆。
每天都有豆浆喝！
说得好！豆浆有丰富的蛋白质，还可以做护肤品呢！
今天的课就到这里啰！
当天晚上
敷上
拿
惊
开门
这是谁呀？乔乔呢？

课堂笔记

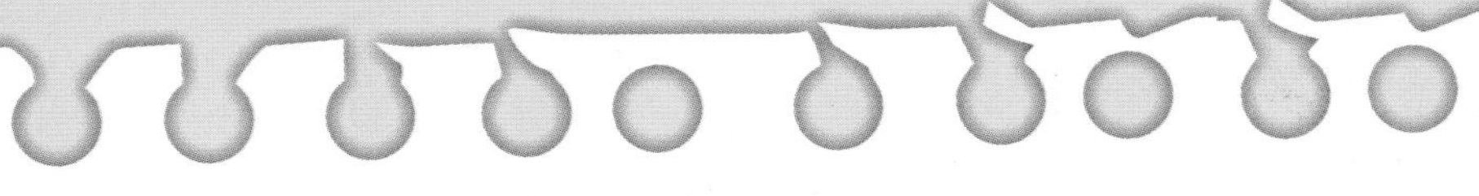

小钧

今天的课好好玩，这是我第一次做豆浆，自己动手做才知道有好多学问：豆子要先泡过水；不能贪心，果汁机里不要放太多豆子，还要加水才能打得动。煮豆浆的时候必须有耐心，要不断搅拌，底下才不会烧焦；因为豆浆有很多蛋白质，沸腾了的时候一下子就会冒出来，如果不注意会大喷发，最后只剩半锅豆浆了。

乔乔

今天我们研究如何把豆浆做成豆皮、豆花和豆腐，豆浆可以做成这些东西是因为有丰富的蛋白质。热的豆浆遇到冷空气，表面还会凝结出有弹性的豆皮。为了证明豆皮的成分有蛋白质，小钧还拔了我的头发做实验，头发或晒干的豆皮烧起来都有烤肉的气味，原来是蛋白质燃烧发出的气味。豆浆里有丰富的蛋白质，可以做成豆腐，还可以当护肤品。黄豆的用途还真多啊！

安安

我最喜欢做豆花和豆腐的实验。原来豆浆加了酸性的醋会变豆花，加酒精也会变成很细的豆花，要仔细看才能发现。老师还想到一个妙招，就是用口罩来过滤。我们一起用口罩把豆花的水分去掉，做出豆腐，不过只做出一点点。醋做的豆腐吃起来酸酸的。我记得可乐也是酸性的，下次我要做一些可乐味的豆腐，一定超酷的！

阿德老师的话：

记得小时候上学路过街巷，也爱停下来观察大人用长长的筷子，从热腾腾的豆浆中捞起一张张豆皮晾到架上。当时心里疑惑着，这样像魔术般神奇地一直捞，豆皮不会被捞完吗？还有早餐喝热豆浆时，总爱用汤匙挑起凝结在上面的豆皮把玩后再吃下，真有趣！

日常生活中藏着许多科学知识。同学们可能认识黄豆，也种过豆子，也喝过豆浆，吃过豆腐、豆皮等，但是并不清楚这些食物彼此的联系。所以我把童年的有趣经历设计成课程，让孩子实际动手体验把黄豆变成各种豆制品，如此一来，同学们对于其中的变化过程就有了完整的理解。对于稀松平常的事物，不要觉得理所当然，可以试着思考：它怎么来的？是怎么做的？尝试思考、追溯，甚至动手制作，让自己的思考更灵活，也更全面。

豆浆可以慢速凝结，形成很软的豆花，也可以快速凝结成较结实的豆花。放许多豆花在模子里加压可以形成块状豆腐。豆腐又分软嫩的豆腐和硬的老豆腐。下次你在吃豆腐的时候，不妨观察一下，你吃的是哪种哦。

一般制作豆花和豆腐会在豆浆里加一点盐卤，但同学们并不知道盐卤是什么，它也不容易取得。但通过实验，他们知道可以使用醋、可乐、酒精等溶液，让豆浆变成豆花。这个实验简单又有趣，每位同学都可以试做一下，说不定你会有更多的发现。

如果你是卖豆花的老板，想要创新口味，可以怎么做呢？实验中小朋友运用不同的酸碱溶液做出可乐汽水豆花、柠檬汁豆花，如果使用蝶豆花或紫甘蓝汁溶液去调制豆浆，你觉得会变成什么呢？欢迎你来当个发明家，实际动手实验看看，阿德老师也预祝你发明的新口味豆花大受欢迎！

可乐

电的学问多

蔬果电池

当！当！当！

各位同学下午好！
无精打采
老……师……好……

小钧怎么
没有精神？
因为昨晚停电，
没办法开电风扇，
我热得睡不着……
没有电真的很不
方便啊！我都没
办法看动画片了。
那有没有什么科学方法，
自己在家就能发电呢？

我知道！
可以用太阳能板
来发电！
可是晚上没有
阳光……
啃
还有其他方法吗？

有啊！
过来

利用这个，
就可以变出电！
拿起
怎么可能？

苹果有电？
吓
我以后不敢
吃苹果了，
会被电到！
别担心，用苹果可
以产生电是真的，
但是不会电到人。
好神奇！
从来没听过！
我想要试试！
哇——
哇——

那你们觉得用水果发电，需要哪些材料呢？
苹果和电线？把电线插到苹果上就可以了吗？
还要灯泡！把电线接到灯泡上才能知道有没有电。

有想法就给你们材料！苹果、电线、灯泡在这里，请试试看让它发电。
插
插

根本不会亮，哪里有电？骗人！
接上

光这样做当然不会亮，还要有**秘密武器**。
今天就来研究让水果产生电，还用它产生的电听音乐，如何？

用蔬果听音乐

实验一 制作蔬果电池
数种水果和蔬菜
长约 7 厘米的
钢钉 5 枚
约 7 厘米长、
2 毫米粗的铜线 5 根
鳄鱼夹电线
红、黑 各 1 条
蜂鸣器 1 个
＊蔬果电池产生的电压不大，请选择
低电压、低电流的音乐蜂鸣器。
如何才能让蔬果发电，
一起来研究看看！
老师，可以告诉
我们是什么秘密
武器了吗？
举手
除了蔬果外，
还需要两种金属
才能产生电。
什么金属都可以吗？

只要是两种不同的金属就行，
比如这是我从家里找的铜线和钢钉。
＊两种金属的活性差越大，产生的电势差越大。
为什么要用两种金属才能发电？
嗯……
我知道了！
很可能是因为电池有正极和负极，所以需要两种金属！
负极
正极
对啊！这样才可以接到灯泡的两边。
＊电极有正负之分，正极指电势较高的一端，负极指电势较低的一端。

你们真会联想，说得好！
设想一下，电流像水一样，会从高处往低处流。两种金属“电势”不一样，所以高的会往低的流……
高电势
低电势
就像滑滑梯，两边如果一样高，就滑不动，哈哈！没电！
你太厉害了！现在给你们蜂鸣器，实验成功它就会唱歌！

这就是会唱歌的
蜂鸣器啊！
圆形的部分好像
音响的喇叭。
上面的电线颜色还
不同，一条红色、
一条黑色……
蜂鸣器的电线跟
鳄鱼夹电线要怎
么接才对啊？
接
拿取
它们都刚好一红一黑呢！
红的接红的，黑的接黑的？

你接错颜色啦！
惊

聪明！
红的接红的，黑的
接黑的才正确！
为什么电线通常
是一条红色，一
条黑色呢？

不知道……
其他颜色不可以吗？

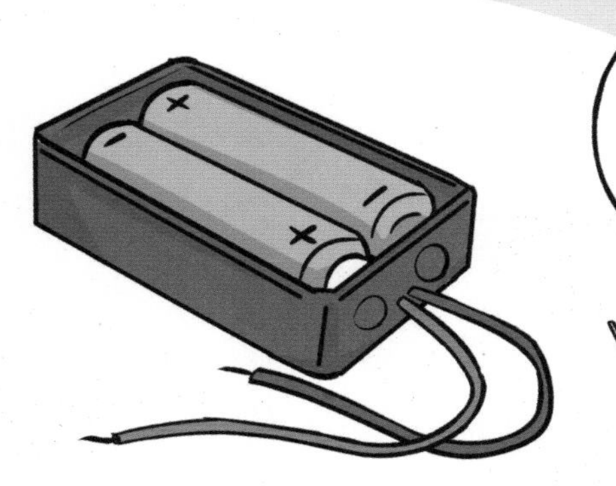

“＋”号是正极，接的是红色电线，“－”号是负极，接的是黑色电线。
电极分为正极和负极，像电池盒的两条电线，

请观察一下铜线和钢钉，
哪一个是正极呢？

我们怎么猜得出来？
我知道！直接实验看看就知道了！

用鳄鱼夹来连接钢钉和蜂鸣器的电线真方便！
接
摆
接
对呀！不用一直拿着电线，手就不会酸了！

我的蜂鸣器
发出声音了！
嗡
嗡
安安你是怎么接的？
知道哪边是正极吗？
红色的电线要
接正极才对，
我的红色电线接的
是铜线，所以铜线
是正极！
说得对！
给你一个赞！
我也成功了！
拜托！
快点唱歌！

我明明也是红色电线
接红色的电线啊……

偷看别人的好了
探头
探脑

啊！原来红色电线
要接在铜线上，
才可以发出声音！
我知道了，
铜线这边才是正极！

其乐
融融

苹果可以发电听音乐，那其他水果也可以吗？

安安提了一个好问题！我们要有实验精神，
这儿有几种水果，每人选一种试试看！
锵锵
锵锵

我最爱吃橘子了！我选橘子！
拿取

我选脆脆的芭乐！
拿取

我选长长的香蕉！
拿取

我的芭乐唱歌了！
嗡
嗡
嗡

咦！我发现一件事，两根金属插得越近，会越大声！
嗡

乔乔的发现了不起哦！不过铜线和钢钉有更好的说法，
老师教你们一个科学名词，它们在这里叫作“电极棒”。
靠近
电极棒

真的呢！电极棒离得越远，声音就越小。
我们可以组成水果乐团啦！
嗡嗡
嗡嗡
……

拔起
靠近
嗡嗡

好酷！
橘子汁也可以
产生电呢！
什么？
橘子汁也可以！
我插！
我插！

呀！
插入
汁中

而且我发现，
钢钉和铜线接触到
水果的地方变色了！

好眼力！
真棒！
这个变色的现象
和通电有关！

哇！我发现
用香蕉皮竟然也
可以发出声音！

要是回家跟妈妈说水
果垃圾不要扔掉，留
给我听音乐，她肯定
会一脸懵，哈哈！

芭乐汁
给我芭乐汁
敲
碰

打不出汁……
我来串葡萄
好了！

最后接上电线……
接上

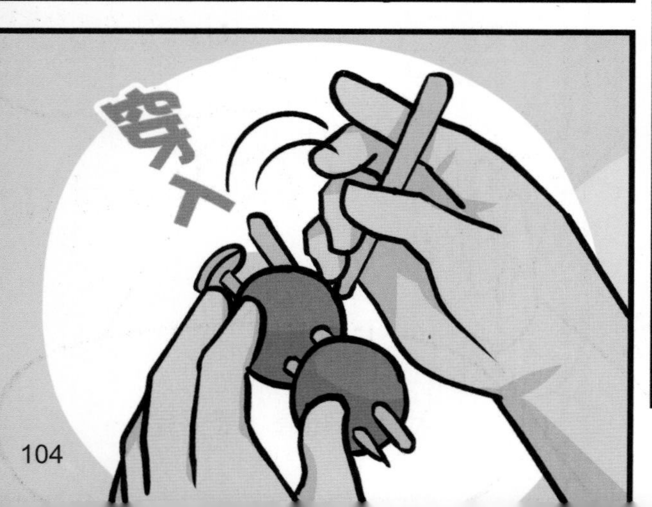
戳下

老师你看！
我的葡萄串
唱得好响亮！
真棒！
嗡嗡
你们真会研究！
通通都给一个赞！
所以，水果真的
可以产生电！
为什么？
－
＋
电解质
（氧化还原反应）
这是因为水果里有“电解质”，当插入两支不同金属棒时
会进行“氧化还原反应”，产生电流，让蜂鸣器唱歌。
那么蔬菜也可以
发电吗？
小钧这个想法
很有趣哦！
我也不知道，最好是……

一起实验看看！
移动
夹
啦啦啦
我们是蔬果乐团
夹
夹
摆放
夹

为什么蔬果能产生电力?

蔬果能产生电力，是因为蔬果含有“电解质”，能让金属接触后进行氧化还原反应。而不同金属的氧化还原能力不同，会产生电势差，电流便会从正极流向负极，进而产生电力。

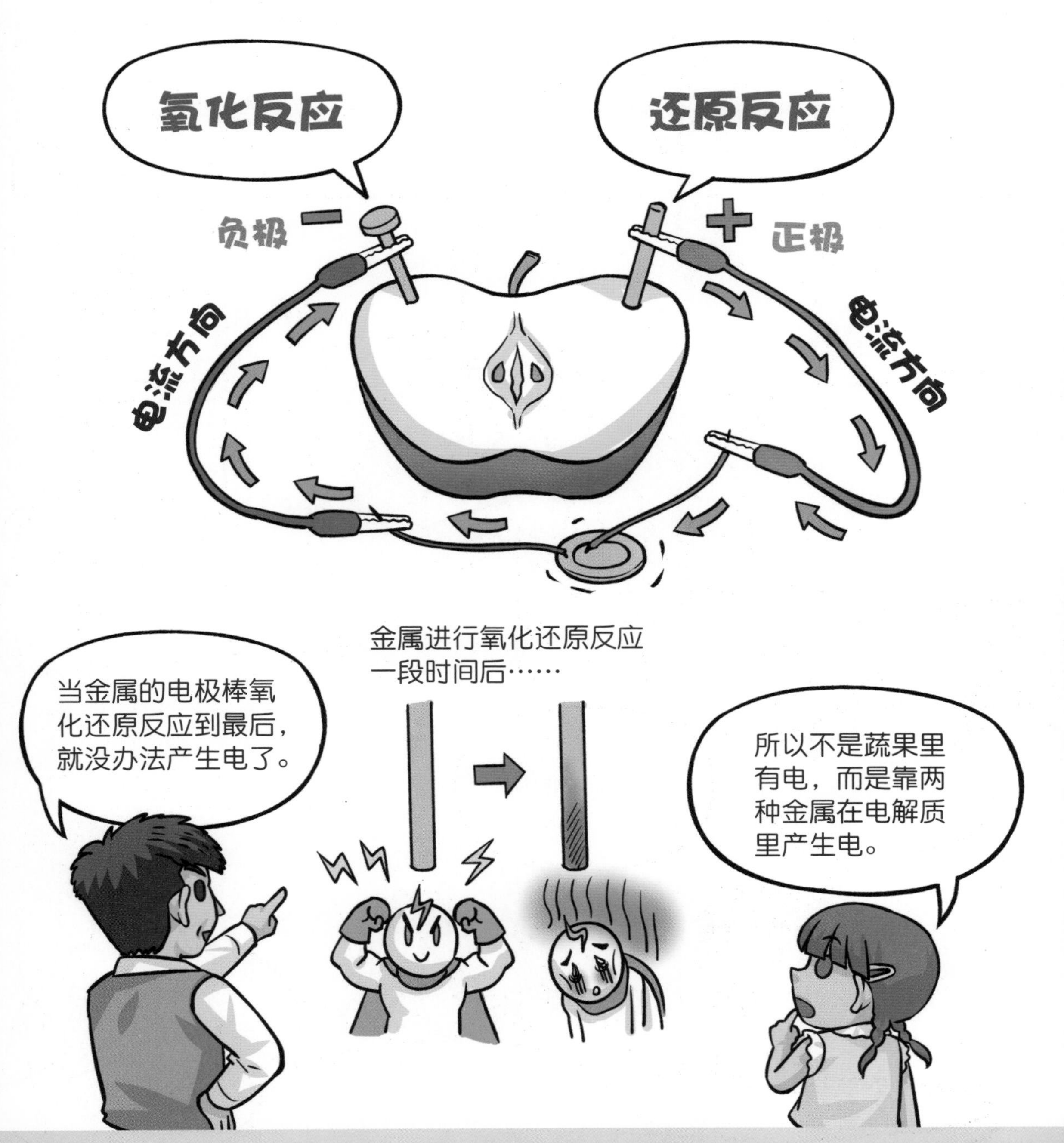

最早发明的电池

看见你们这么用心做实验，我想讲个故事给你们听。
200 多年前，有一个很厉害的科学家，他的名字叫伏打，他利用两种金属发明了“伏打电池”。
伏打电池
我的舌头感觉到酸麻味！
发明的过程中，有一次他甚至用自己的舌头来“试电”！
吱吱
吱吱
不怕牺牲……
会不会很痛啊？
别担心，电流并不大啦！

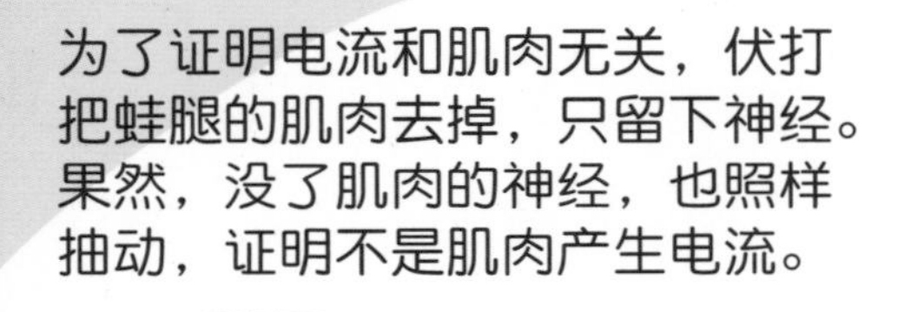

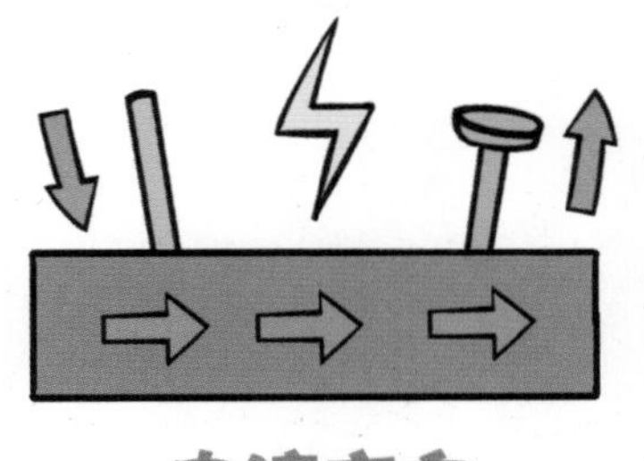

他的实验结果证明，两种不同的金属在特定条件下连通就会产生电流。他也成为了发明电池的科学家。

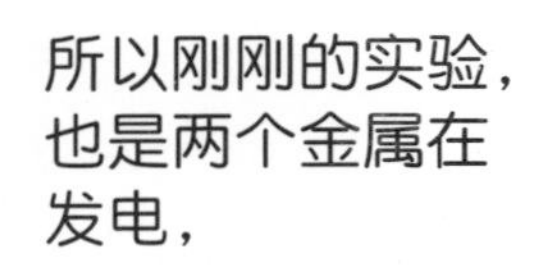

所以刚刚的实验，也是两个金属在发电，
蔬菜水果就是电通过的“道路”。

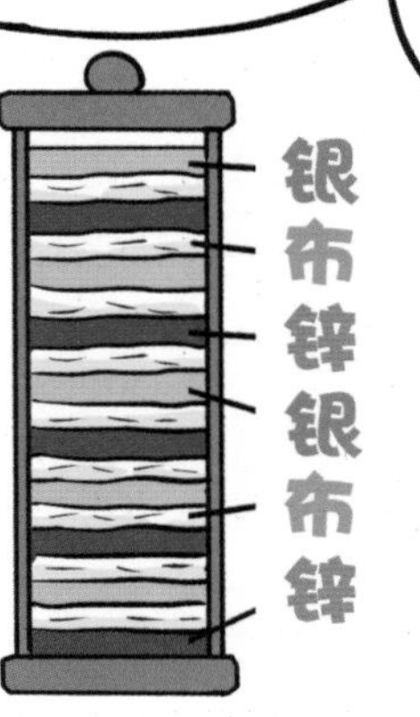
经过不断地实验，1800 年伏打发明了将含食盐水的湿抹布夹在银和锌的圆形板之间做成的电池。
这是全世界最早的电池哦！我们叫它“伏打电池”。
银
布
锌
银
布
锌

科学界为纪念他的成就，将他的姓简化成 Volt（伏特），作为电压的单位名。
原来不是水果里藏有电啊！那我可以安心吃水果了！

说得没错！
安安很会举一反三哦！

没错！你们做的实验跟故事中的电池关系很密切哦！
我们就来挑战制作伏打电池吧！
好！
哈哈
哇！我们也可以当科学家！

实验二 制作伏打电池
回形针
2个
铜片 6 个
铁制螺丝垫片 6 个
盐水
（200 毫升水加
2 小匙约 20 克盐）
培养皿 1 个
美工刀
面纸 1 包
鳄鱼夹电线
红、黑 各 1 条
科技泡棉 1 块
准备好材料，
一起来做伏打电池！

这次咱们不用水果，改用
盐水、铜片和铁制的垫片
当电极，来制作伏打电池，
试试看能不能让
蜂鸣器唱歌。
跟着老师说的顺序
一起做实验！

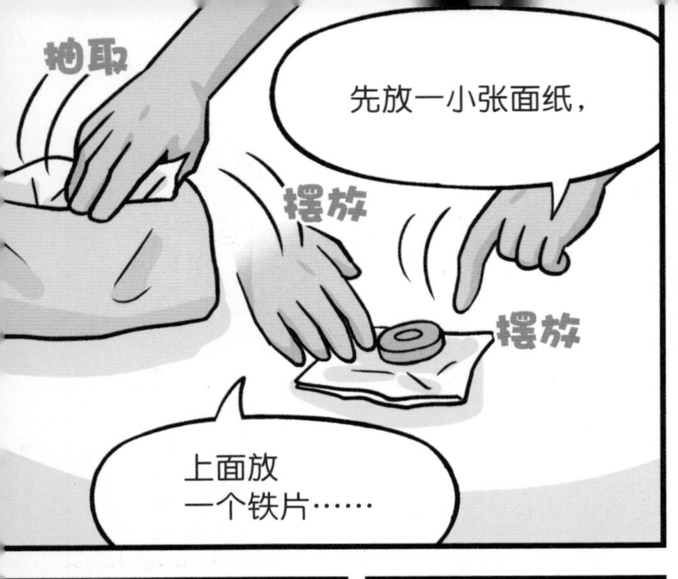
抽取
先放一小张面纸，
摆放
摆放
上面放
一个铁片……

接着放一小
张面纸……
摆放

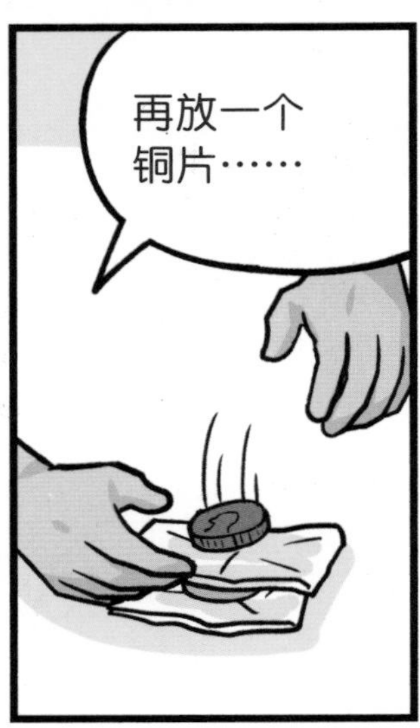
再放一个
铜片……

重复堆叠做 5 组。
叠加

我知道，这样是不是
像水果电池一样，
沾盐水的面纸就像是水果，
铜片和铁片就是两种金属？

没错！
真棒！
伏打电池为什么要
重复叠这么多层呢？

我想想……
重复叠很多层，是不是可以让电压更强？

有学问！
真棒！
刚刚的水果电池好比是一组小电池，伏打电池就是连接好几组小电池，变成一个大电池，产生比较大的电压。
电压小
电压大

那我要叠好多层，变成一个超强力电池！发射电力光波！
哼！那有什么！我会做更大的电池，变成电池超人！
咻咻咻
哔哩哔哩
又在做白日梦！
有创意！好啦，我们赶快来做实验。

铜片当正极，
要接蜂鸣器的红色电线，
铁片接黑色
负极电线……
夹住
接
接
然后听听看
有没有声音……
听
……
一片寂静
根本没有声音嘛！

我知道，
忘了加盐水！
等一下！
电池放桌上，直接加盐水
不太好吧？有什么方法
改进呢？

可以放在培养皿
里做实验。
摆放
放入
把它们放进培养皿，
再淋上食盐水就好了。

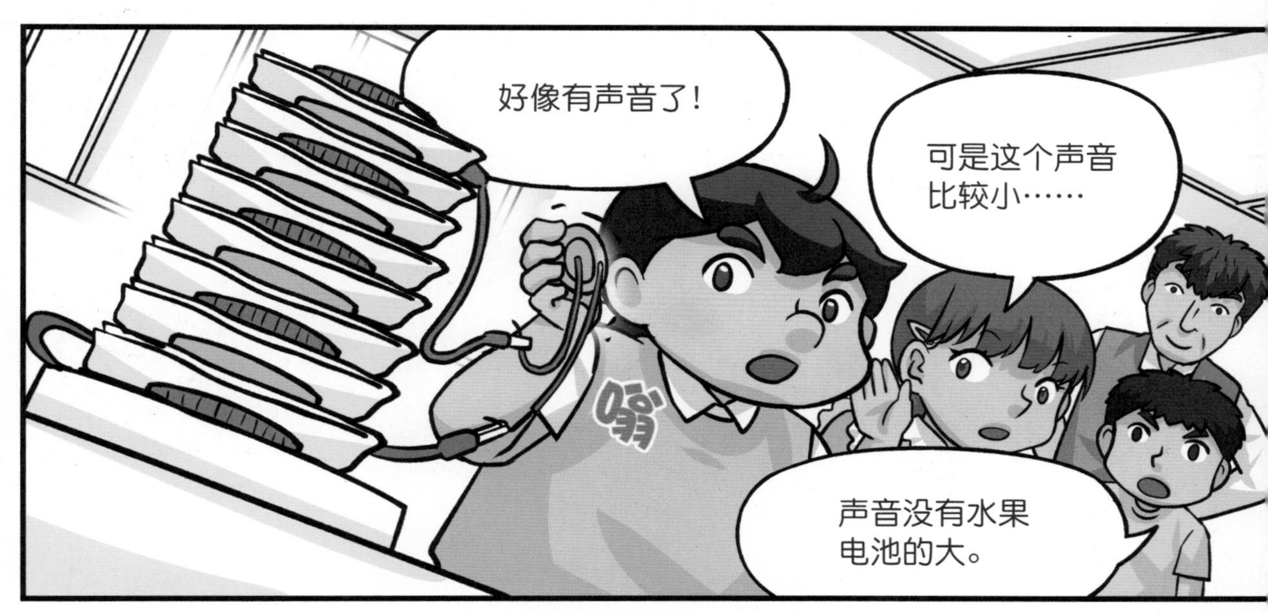
好像有声音了！
可是这个声音
比较小……
嗡
声音没有水果
电池的大。

怎样才能
大声一点呢？

怎样才能
大声一点呢？
把它们“连”在一起！
让电压变更强！
真棒！

那要怎么连接电池呢?
请你们仔细观察这两种电池连接的方式有什么不同。
我知道!这个遥控器的电池是上下串在一起的。
就像刚做的伏打电池。
正极
负极
正极
负极
串联
没错，这叫作“串联”，是把几个电池的正极和负极相接，这样电压会变强。
这个鼠标的两个电池，是左右并排接在一起的。
正极
负极
好眼力!这样叫作“并联”。仔细看，并联是几个电池的正极和正极相接，负极和负极相接，
并联
赞!
这样电池的电压输出会更稳定持久。

接下来的实验，
我还想到一个
方法！
掏
找

当当！
泡棉和美工刀！
你们猜我想用它们
做什么？

泡棉可以吸水，
把泡棉切片取代
面纸。
切泡棉没错，
但是不是切片呢？
再想想。

在泡棉上切几刀，
把铜片和铁片插在上面。
真棒！
握拳
赞！聪明绝顶！

将泡棉放入
食盐水浸泡……
放入

在泡棉上
切 6 刀……
切

两边各插入铜片
和铁片……
塞入

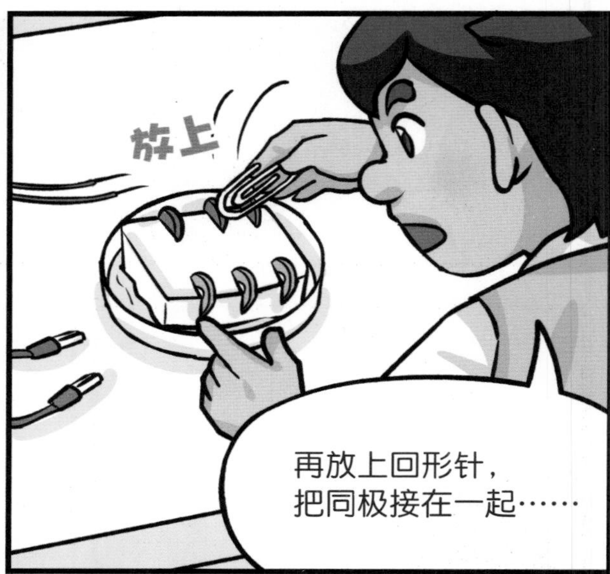
放上
再放上回形针，
把同极接在一起……

最后接上蜂鸣器……
移动
夹
移动

铜片接红色正极，
铁片接黑色负极……
夹住
按住
哇！成功！
会唱歌了！
嗡嗡
嗡嗡
按住
按住
用自己做的伏打电池
也可以让灯泡发亮吗？
难道还可以让我的
机器人走路？
好问题！灯泡亮
不亮或机器人动
不动得起来，
和电压的强弱有关哦！
一颗电池不能让灯泡亮
起来，就试试把两颗串
联，看电压够不够。
你们会做蔬果电池了，
回家可以试试，或是上
网查一查再做实验。

为什么食盐水可以让金属产生电呢？
会不会食盐水也和水果一样有“电解质”？
没错！因为食盐水也是一种“电解质”，
能帮助金属氧化（生锈）和还原，所以也能产生电。
原来电解质跟电的关系这么密切！
电子超人第一
它们一定是“好哥们”！
我听说过有些饮料里面有电解质，
可以用饮料做实验吗？
小钧又想喝饮料！
哈哈哈

饮料也可以产生电吗？

饮料 任务	可乐	纯净水	碱性离子水	茶	橙汁	运动饮料
预测						
实验						

倒入

夹上

探头听
听
听

我好了！
可以发电的有
橙汁、运动饮料……
说实验结果时
小点声，可能会
影响别人作判断。
没想到可乐也
可以发电！
我以为碱性离子水
没办法发电。

碱性离子水也有电解质，可以帮助铜和铁产生电。
运动饮料“唱歌”超大声的，它的电解质一定很多。
来完成表格吧！可以发电的打上钩！
饮料
任务
可乐
纯净水
碱性离子水
茶
橙汁
运动饮料
预测
实验
通过实验，你们知道为什么有些饮料可以发电了吗？
那当然是……
可以发电的饮料里面有电解质！

饮料为什么能发电？

饮料之所以能发电，是因为其中含有“电解质”的关系。

“电解质”通常指在溶液中可以导电的正负离子。当两种金属电极放入电解质水溶液中，会产生氧化还原反应。正极是高电势，负极则是低电势，彼此间的电势差使得带电离子流动，就产生了电流。

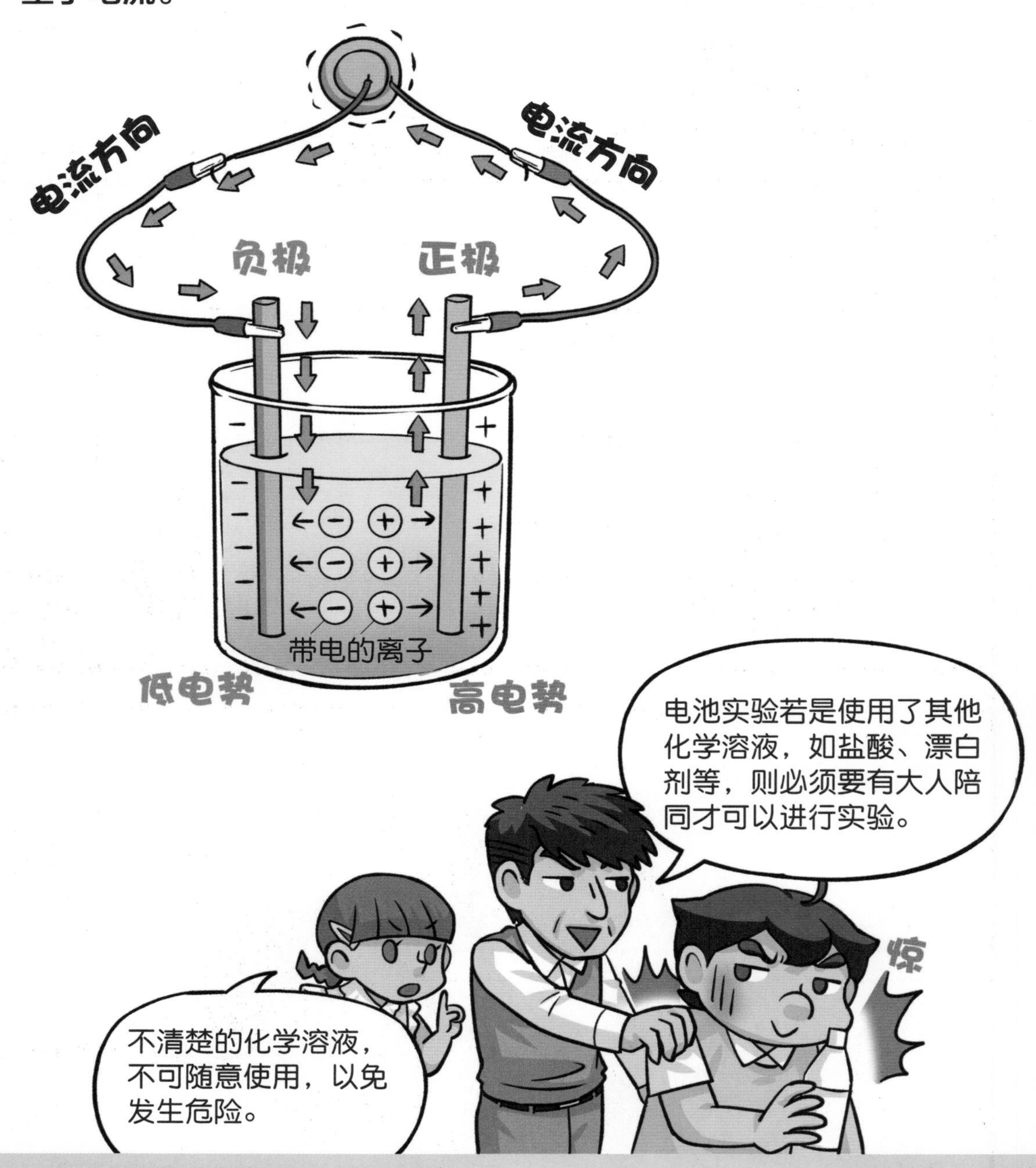

带电的小苏打水

干电池放久了会没有电。这个伏打电池也会没电吗？
我知道，我爸爸有一种充电电池，没电了还可以再充电。
说得好！我们来实验看看，自己做的电池能不能储存电？
运动饮料要怎么储存电？难道要把电接进去？
会触电吧？
把饮料里的两根金属电极都换成碳棒，饮料就不会自己发电，
实验起来就万无一失了！
老师这边有电池盒，可以用这个来充电。
它的电力不会过强，这样比较安全。
对的！老师，你真厉害！
怎么知道是充进去的电，还是饮料原本产生的电？

把运动饮料里的
两根金属电极
都换成碳棒……
更换
插入
接上电池盒，
通电……
夹上
老师！
我接电池只一下子，
竟然可以让蜂鸣器
唱歌！
震动
电是不是真的
储存进运动饮料了？

是啊！我的蜂鸣器
还在唱歌。
为了确定实验结果，
安安和乔乔再接上电池盒，
通电 10 秒试试看！
换成碳棒，
接上电池盒，
通电 10 秒……
接上
接上
拔
接上
拔掉
移除电池盒，
改接上蜂鸣器……

嗡嗡嗡
太好啦！
真的可以唱歌呢！
嗡
超棒的
小小科学家！
这个现象
告诉我们什么？

电住在饮料中了，
然后被我们拿出来用，
好好玩！
运动饮料竟然变成
可以储存电的东西！
说得好，运动饮料可以储
存电。仔细想想，生活中
储存电的东西叫作……
储电水？
储电杯？
用来储存电的除了
电池以外，还有汽
车用的叫作……
我知道！
是蓄电瓶。
汽车发动或车
上要用电时都
要靠它。
老师再出个题
给你们挑战！
小苏打水和运动饮料比赛，
看谁可以储存比较多的电，
你们觉得谁会获胜？

实验四 储电冠军大比拼
小苏打饱和水溶液 1 杯
运动饮料 1 杯
小苏打水和前一个实验冠军的运动饮料大比拼！看谁最能储存电。
计时器
鳄鱼夹电线 红、黑 各 1 条
碳棒 4 根
蜂鸣器
3 号电池盒（含电池）
我们统一充电 10 秒，先来预测实验结果，再来做实验验证！
充电10秒
小苏打溶液
运动饮料
预测人
钧 安 乔 钧 安 乔
预测蜂鸣器唱歌时间
3分钟 1分30秒 1分30秒 1分30秒 2分钟 2分钟
实验结果
我猜运动饮料更厉害！
我也猜运动饮料获胜！
那我就猜小苏打溶液获胜！

先用电池盒
充电 10 秒……
然后
移开电池盒，
改接
蜂鸣器……
拔
更换
夹上
计时开始！

8 秒……
嗡
嗡
10 秒……

30 秒……
嗡
嗡
31 秒……

1 分 30 秒！
小苏打溶液的
蜂鸣器停了！
嗡嗡嗡
停住！
2 分 10 秒！
运动饮料的蜂鸣器也停了！

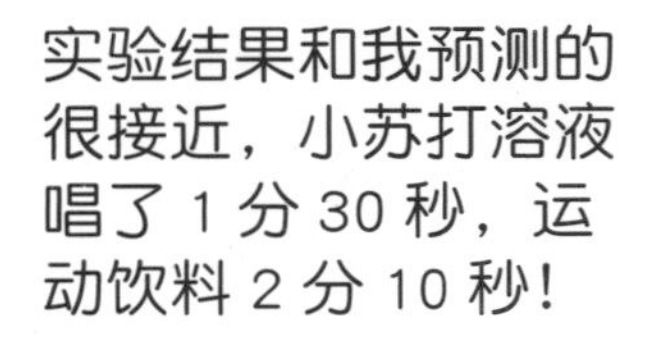

充电10秒	小苏打溶液			运动饮料		
预测人	钧	安	乔	钧	安	乔
预测蜂鸣器唱歌时间	3分钟	1分30秒	1分30秒	1分30秒	2分钟	2分钟
实验结果	1分30秒			2分10秒		

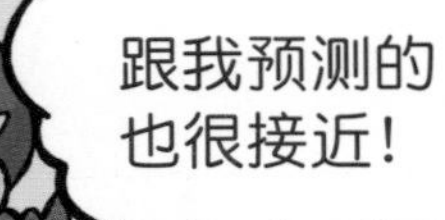

最后请大家说说
今天的学习心得。

今天我学到用蔬果可以发电，因为蔬果里面有电解质，超级酷！

我学会了制作伏打电池，还知道串联可以让电压变强，并联让电压更稳定持久。
嗡嗡
串联
并联

我本来以为今天喝不到饮料了，
没想到乔乔和安安还是给我喝！饮料好好喝！
傻眼
晕倒

我回家想试试蔬果电池，让电子钟走动。
12:00
那样需要更大的电压吧？
这还不简单，可以多用几个电池串在一起发电。

有想法，我喜欢！
使用不同的金属，还有电极接触的面积大小等因素，或许对实验结果都有影响。大家可以回去再好好研究！
实验器材就送给你们啦，回家实验成功的话，要告诉大家哦！
下课啰！
当天晚上
小钧你在厨房做什么？
惊吓

课堂笔记

小钧

我以为要产生电一定要插插头或者使用电池，没想到我们吃的水果竟然可以做成电池来发电，连香蕉皮、橘子汁也可以，真的既环保又神奇！后来我们还发现运动饮料和可乐都可以变电池。下次郊游的时候我要带着材料，把同学的水果和饮料都变成电池来发电，让大家吓一跳！

乔乔

今天老师带我们研究蔬果电池。一开始我们实验失败了，原来水果电池的秘密武器是需要两种不同金属，因为两种金属的电势一个高一个低，电流才能像水一样从高处往低处流，产生电让蜂鸣器唱歌。我还发现两根金属电极插在香蕉上的距离越近，蜂鸣器就越大声，越远就越小声。老师夸我们真的很会研究呢！

安安

我们今天做了好多种电池，有蔬果电池、伏打电池，还有各种饮料电池，这些电池都可以发电是因为里头有电解质，可以让金属产生氧化还原反应来发电。我们还做了运动饮料和小苏打水溶液的储电能力比赛实验。原来电解质除了可以发电外，还可以让电住进饮料中，要用的时候再拿出来用，就像蓄电瓶一样！电的学问真的好有趣啊！

阿德老师的话：

电使得人类的生活更便利，而我们可以通过什么来让孩子认识电的原理呢？阿德老师想到借助蔬果和简单的材料，让孩子动手制作蔬果电池，认识电池的原理。小朋友会觉得很神奇，为什么我们吃的水果会产生电力？越大颗的水果难道电压会越大、越多吗？其实并不是水果产生电，而是水果中丰富的电解质，可以帮助金属发生氧化还原反应，进而产生电。

我们在进行蔬果电池实验时，常用来证明有电的方法是让灯泡发光，让电子表显示，或者是使用电表来测量。但在这个单元里，我们使用了会唱歌的蜂鸣器。阿德老师用它的主要原因是：它可以因电压不同发出大大小小的声音，而且声音也会有快慢变化，方便小朋友直接感受电压的强与弱，并从比较中立即知道蔬果电池电压的大小。如果你想要用其他材料试试，阿德老师也非常赞同。如果不成功，那可能牵涉到电流、电压和电阻等比较复杂的因素，但请你记住：即使没成功，你们也可以从中获得宝贵的经验哦！

小朋友除了认识用两种不同金属在蔬果中可以产生电流外，对于电可以存在小苏打水中或饮料里，更是兴奋不已。只要短暂地充电，便可以用水溶液来听音乐，真有趣！通过实验，小朋友对充电和蓄电的概念有了更具体的认识。

阿德老师也讲了发明电池的科学家伏打，用自己的舌头来证明电的故事。老师并不是说可以随便用身体去做危险的尝试，而是鼓励你们：有想法时，请试着寻求解决问题的方法，在确保安全的前提下去验证，不要轻易放弃。到成功的那一刻，就像脑子里的灯泡瞬间被启发点亮，你们会真正感受到心中无比的快乐，而这些学习得来的养分，将会一直支持、陪伴着你们成长！

出 版 人：常　青
艺术总监：张杏如
责任编辑：高海潮
特约编辑：陈晓玲　王才婷
美术编辑：王素莉
责任校对：刘国斌　张建红
责任印制：王　春　袁学团

ADE LAOSHI DE KEXUE JIAOSHI
书　　名：阿德老师的科学教室
HUAXUE MOFA QU
化学魔法趣
作　　者：廖进德
编　　者：信谊编辑部
绘　　图：樊千睿
出　　版：四川少年儿童出版社
地　　址：成都市锦江区三色路238号
网　　址：http://www.sccph.com.cn
网　　店：http://scsnetcbs.tmall.com
经　　销：新华书店
特约经销商：上海上谊贸易有限公司
地　　址：上海市静安区南京西路1266号恒隆广场二期3906单元
电　　话：86-21-62250452
网　　址：www.xinyituhuashu.com
印　　刷：上海当纳利印刷有限公司
成品尺寸：260mm×187mm
开　　本：16
印　　张：8.5
字　　数：170千
版　　次：2023年2月第1版
印　　次：2023年2月第1次印刷
书　　号：ISBN 978-7-5728-0871-5
定　　价：299.00元（全5册）

图书在版编目（CIP）数据

化学魔法趣 / 信谊编辑部编；樊千睿绘.— 成都：
四川少年儿童出版社，2022.9
（信谊 阿德老师的科学教室；3）
ISBN 978-7-5728-0871-5

Ⅰ. ①化… Ⅱ. ①信… ②樊… Ⅲ. ①化学—少儿读
物 Ⅳ. ①O6-49

中国版本图书馆CIP数据核字(2022)第155281号